V. Seidel
Starthilfe
Elektrotechnik

T0220694

Starthilfe
Elektrotechnik

Von Prof. Dr.-Ing. habil. Volkmar Seidel
FH Merseburg

 B. G. Teubner Stuttgart · Leipzig · Wiesbaden 2000

Prof. Dr.-Ing. habil. Volkmar Seidel

Geboren 1940 in Leipzig. Ab 1958 Studium der Elektrotechnik an der TU Dresden. Diplom 1964. Promotion 1974 an der Hochschule für Verkehrswesen „Friedrich List" Dresden. Von 1964 bis 1989 Industrietätigkeit im VEB Fernmeldewerk/Nachrichtenelektronik Leipzig als Entwicklungsingenieur und Themenleiter auf den Gebieten der Schaltungsentwicklung, Mikrorechentechnik und Softwareentwicklung. 1984 Habilitation in Dresden. 1989 Hochschuldozent für Elektrotechnik an der TH Merseburg. Von 1993 bis 1996 Gründungsdekan des Fachbereichs Elektrotechnik und seit 1993 Professor für Grundlagen der Elektrotechnik an der FH Merseburg.

Die Deutsche Bibliothek – CIP-Einheitsaufnahme
Ein Titeldatensatz für diese Publikation ist bei
Der Deutschen Bibliothek erhältlich.

© B.G.Teubner Stuttgart · Leipzig · Wiesbaden 2000
Der Verlag Teubner ist ein Unternehmen der Fachverlagsgruppe BertelsmannSpringer.

Konzeption und Layout des Umschlags: Peter Pfitz, Stuttgart

ISBN-13:978-3-519-00264-2   e-ISBN-13:978-3-322-80016-9
DOI: 10.1007/978-3-322-80016-9

Vorwort

Das vorliegende Buch richtet sich vorrangig an Schüler und Studienanfänger, die das Studium einer technischen Fachrichtung, insbesondere das Studium der Elektrotechnik, aufnehmen wollen.

Mit der Starthilfe möchte der Autor den Übergang von der Schule zur Hochschule und damit den Einstieg in ein rationelles Studium erleichtern. Sie knüpft an die Elektrizitätslehre des Physikunterrichts der Gymnasien an und vertieft und erweitert die dort erworbenen Kenntnisse.

Die *Elektrotechnik* ist ein weitgespanntes Gebiet und gliedert sich grob in *Energietechnik* und *Informationstechnik*. Die *Energietechnik* oder *Leistungselektrik* befaßt sich mit der Erzeugung und Verteilung elektrischer Energie. Die Geräte und Maschinen weisen daher infolge großer Leiterquerschnitte und beachtlicher Verlustwärme große Abmessungen auf. Gegenstand der *Informationstechnik* ist die Übertragung und Wandlung von Signalen. Hier dominieren mikroelektronische Schaltungen.

Der Studiengang Elektrotechnik besteht aus Grundstudium und Hauptstudium. Während das Grundstudium für alle Studenten gleich ist, können im Hauptstudium viele unterschiedliche Studienrichtungen gewählt werden. Der Zugang zu den Spezialrichtungen wird in dem Fach *Grundlagen der Elektrotechnik* im Grundstudium vorbereitet.

Pädagogisch besonders bewährt hat sich die Einteilung dieses Faches in die vier Abschnitte *Gleichstrom*, *Elektrisches Feld*, *Elektromagnetismus* und *Wechselstrom*. Aus dieser Einteilung werden die Unterschiede zur Elektrizitätslehre der Physik deutlich. Diese beginnt mit der Elektrostatik und erläutert den Ursache-Wirkungs-Zusammenhang, während die Technik den Zweck-Mittel-Zusammenhang betont. Im Abschnitt *Gleichstromtechnik* werden die elektrischen Größen Strom, Spannung und Widerstand definiert und die Kirchhoffschen Sätze behandelt und angewendet. Das typische Schaltelement ist der Ohmsche Widerstand R. Die Kirchhoffschen Sätze ermöglichen die Analyse elektrischer Schaltungen durch Berechnung der Ströme bei Vorgabe der Quellspannungen. Eine besondere Bedeutung haben die physikalischen Größen *Leistung* und *Energie* in der Elektrotechnik. Elektrische Energie läßt sich schnell und verlustarm transportieren. Sie wird durch Wandlung aus anderen Energieformen gewonnen und kann ebenso verlustarm wieder in andere Energieformen zurückgewandelt werden. Den Umwandlungsvorgängen wird besondere Aufmerksamkeit geschenkt.

Im Gegensatz zum linienhaften elektrischen Leiter nehmen schwach leitende Stoffe und Isolatoren Räume in Anspruch. Räumlich verteilte elektrische Größen, wie die *Stromdichte* und die *elektrische Feldstärke*, führen auf den Begriff des *elektrischen Feldes*. Der Kondensator, gekennzeichnet durch seine Kapazität C, ist hier das typische Schaltelement.

Die enge Verkopplung von elektrischen und magnetischen Größen wird im Abschnitt *Elektromagnetismus* behandelt. Das *Durchflutungsgesetz* und das *Induktionsgesetz* werden in ihren mathematischen Formulierungen als *Maxwellsche Gleichungen* bezeichnet und sind sowohl die Grundlage der großtechnischen Erzeugung von Elektroenergie als auch des Auftretens und der Ausbreitung von elektromagnetischen Wellen. Die Spule mit ihrer Induktivität L tritt hier als typisches Schaltelement auf.

Der letzte Abschnitt führt in das Gebiet der *Wechselströme* ein. Sinuszeitfunktionen werden durch zwei Größen beschrieben, die Amplitude und den Winkel. Daher haben Vektoren in der Ebene, die als *Zeiger* bezeichnet werden, zentrale Bedeutung. Wechselströme und -spannungen werden graphisch als Zeiger und mathematisch als komplexe Zahlen dargestellt. Aufgaben zur Addition von sinusförmigen Wechselgrößen werden von den Studierenden häufig falsch gelöst. Deshalb wird dieses Thema ausführlich behandelt. Ausgehend vom Additionstheorem der Kosinusfunktion führt der Weg über die anschauliche Zeigeraddition mit dem Kosinussatz für Dreiecke zur Lösung der Aufgabe mit komplexen Größen. Für die Wechselstromtechnik ist die Rechnung mit *komplexen Größen* elementar und unverzichtbar.

Wechselstromwiderstände haben zwei Komponenten, den Wirk- und den Blindwiderstand, oder in Polarkoordinaten, den Scheinwiderstand und den Winkel, und können daher ebenfalls durch komplexe Größen ausgedrückt werden.

Hauptschwierigkeit im ersten Semester ist die *Anwendung der Mathematik* auf technisch-naturwissenschaftliche Aufgabenstellungen. Im Abschnitt Gleichstrom treten bei der Analyse von Schaltungen *Gleichungssysteme* auf, deren Lösung in das Gebiet der *Linearen Algebra* fällt. In den Abschnitten Elektrisches Feld und Elektromagnetismus werden *vektorielle Feldgrößen* verwendet. Neben der *elementaren Vektoralgebra* werden auch Integrale über Skalarprodukte von Vektoren, die *Hüllen-* und die *Linienintegrale,* eingeführt. Diese Gleichungen können beim ersten Lesen übersprungen werden. Formal ist ein solches Integral über ein Skalarprodukt die Auflösung der Gleichung für eine vektorielle Feldgröße, die durch Differentiation einer skalaren Größe nach einem Vektor definiert wurde.

Die Strom-Spannungs-Beziehungen an einer Kapazität oder Induktivität enthalten einen Differentialquotienten. Die Behandlung der *Schaltvorgänge* an Netzwerken mit einer Kapazität oder einer Induktivität erfordert bereits die Lösung einer einfachen *Differentialgleichung* erster Ordnung. Sie gelingt durch Integration ohne tieferes Eindringen in die Theorie. Der zeitliche Verlauf der Kondensatorspannung kann durch eine *Exponentialfunktion* beschrieben werden. Damit wird die rein statische Betrachtungsweise elektrischer Schaltungen verlassen.

Der Start in das Studium einer technischen Fachrichtung ist nicht leicht. Beim ersten Lesen dieses Buches bleiben daher sicher Fragen offen, die in ausführlicher Form Gegenstand der Lehrveranstaltungen der beiden ersten Semester sind. Das sollte nicht entmutigen, sondern eher dazu motivieren, die im Anhang zitierte Fachliteratur zu befragen.

Der Autor wünscht dem Leser Freude beim Erkenntnisgewinn und einen guten Start in das Studium.

An dieser Stelle möchte ich Herrn Dr. Fiedler und Herrn Heinisch für die Durchsicht des Manuskriptes danken. Meiner Frau danke ich für das Korrekturlesen. Einigen Studenten gilt ebenfalls mein Dank. Herr Münchow gab nützliche Hinweise zur Verbesserung der Verständlichkeit der Darstellung. Herr Peltsch half mir, die Tücken des Textverarbeitungssystems zu bewältigen.

Weiterhin danke ich Herrn J. Weiß vom Teubner-Verlag für die angenehme Zusammenarbeit und die gute Beratung.

Leipzig, Januar 2000   Volkmar Seidel

Inhalt

1	**Gleichstromtechnik**	**9**
1.1	Elektrischer Strom	9
1.2	Spannung	11
1.3	Widerstand	13
1.4	Elektrische Energie und Leistung	15
1.5	Analyse von Gleichstromkreisen	16
1.5.1	Kirchhoffsche Sätze	16
1.5.2	Zweigstromanalyse	17
1.5.3	Widerstände im Stromkreis	20
1.5.4	Zweipolsatz	21
1.6	Leistung im Gleichstromkreis	21
1.7	Wandlung elektrischer Energie in andere Energieformen	23
1.7.1	Wandlung elektrischer Energie in mechanische Energie	23
1.7.2	Wandlung elektrischer Energie in Wärme	24
1.7.3	Wandlung elektrischer Energie in chemische Energie	26
1.7.4	Elektrochemische Spannungsquellen	28
1.7.5	Wandlung von elektrischer Energie in Lichtenergie	29
1.7.6	Solarzelle, Wirkungsweise	31
2	**Elektrisches Feld**	**34**
2.1	Flächenförmige und räumliche Leiter	34
2.1.1	Strömungsfeld	34
2.1.2	Potential- und Feldstärkefeld	36
2.2	Elektrisches Feld im Nichtleiter	38
2.2.1	Verschiedene Feldformen	38
2.3	Influenz und Polarisation	40
2.4	Dielektrischer Strom und Verschiebungsfluß	41
2.5	Kondensator	42
2.6	Schaltungen mit Kondensatoren	43
2.7	Schaltvorgänge an R-C-Schaltungen	45
2.8	Kapazitäten von speziellen Kondensatoren und Leitungen	47
2.9	Energie im elektrischen Feld	48
2.10	Kraft im elektrischen Feld	48
3	**Elektromagnetismus**	**51**
3.1	Magnetischer Kreis	51
3.2	Magnetisches Feld	53
3.3	Magnetische Eigenschaften der Materie	54
3.3.1	Allgemeines	54
3.3.2	Ferromagnetismus, atomistische Grundlagen	54
3.3.3	Magnetische Werkstoffe	55
3.3.4	Feldverhalten an Trennflächen unterschiedlicher Permeabilität	56

3.4 Berechnung von magnetischen Kreisen 56
3.4.1 Erregung durch den elektrischen Strom 56
3.4.2 Erregung durch Dauermagneten 57
3.5 Kopplung elektrischer und magnetischer Größen. 58
3.5.1 Durchflutungsgesetz 58
3.5.2 Anwendung des Durchflutungsgesetzes 59
3.6 Induktionsgesetz 60
3.6.1 Ruheinduktion 60
3.6.2 Bewegungsinduktion 61
3.6.3 Anwendungen des Induktionsgesetzes 63
3.7 Wechselwirkung elektrischer und magnetischer Größen 64
3.7.1 Selbstinduktion 64
3.7.2 Berechnung von Induktivitäten 66
3.7.3 Gegeninduktion. 67
3.7.4 Transformator. 67
3.8 Schaltvorgang an einer Induktivität 69
3.9 Energie im magnetischen Feld 71
3.10 Kraft im magnetischen Feld 73
4 Wechselstrom 75
4.1 Begriff und Bedeutung des Wechselstromes 75
4.2 Arithmetischer Mittelwert und Effektivwert 77
4.3 Lineare Operationen mit Sinusgrößen 80
4.4 Zeigerdarstellung. 82
4.5 Rechnen mit komplexen Zahlen 84
4.6 Symbolische Methode der Wechselstromtechnik 86
4.7 Einfache Wechselstromkreise 88
4.7.1 Grundschaltelemente R, L, C 88
4.7.2 R-L-Reihenschaltung 90
4.7.3 R-C-Parallelschaltung 91
4.7.4 Ersatzzweipolschaltung 92
4.7.5 Reihenschwingkreis. 93
4.7.6 Beispiel zum komplexen Widerstand. 94
4.7.7 Zeigerbilder 95
4.8 Leistung im Wechselstromkreis 96
4.8.1 Leistungsbegriffe. 96
4.8.2 R-L-Reihenschaltung 97
4.8.3 R-C-Parallelschaltung 98
4.8.4 Allgemeiner Wechselstromzweipol 98
4.8.5 Zerlegung der Spannung und des Stromes in Wirk- und Blindkomponenten. . 99
4.8.6 Blindleistungskompensation 100
4.9 Beispiel zur Anwendung der komplexen Rechnung 102

Anhang 106
Stichwortverzeichnis 110

1 Gleichstromtechnik

1.1 Elektrischer Strom

Der elektrische Strom entspricht strömenden Ladungsmengen. Der Bewegungsimpuls wird durch ein elektromagnetisches Feld verursacht, das sich mit Lichtgeschwindigkeit ausbreitet. Dadurch werden alle freien Ladungsträger in einem Medium veranlaßt, praktisch gleichzeitig die Bewegung zu beginnen. Die Geschwindigkeit von Ladungen in metallischen Leitern ist sehr gering (Bruchteile von mm/s).

Der kleinste elektrische Ladungsträger ist das *Elektron.*

Es trägt nach der Quantentheorie eine negative Elementarladung. Die Elementarladung wird mit e bezeichnet und ist unteilbar. Sie entspricht der positiven Ladung eines Protons.

> *Elementarladung $e = 1,602 \cdot 10^{-19}$ As,*
> *Masse des Elektrons $m = 9,11 \cdot 10^{-31}$ kg.*

Die Ladung Q kann nur ein ganzzahliges Vielfaches, das n-fache, der Elementarladung e sein.

> *Ladung: $Q = n \, e$,*
> *weitere Ladungsträger:*
> *Ionen = Atomgruppen mit $Q = \pm(n \, e)$.*

Positive Ladungen entstehen, indem Elektronen aus neutralen Atomen oder Atomgruppen entfernt werden. Man bezeichnet sie als positive Ionen oder Kationen. In Flüssigkeiten und Gasen können auch negativ geladene Ionen, die Anionen, vorkommen.

Die Stoffe werden nach ihrer Leitfähigkeit grob eingeteilt in Leiter und Nichtleiter (Isolatoren).

> *Leiter: Stoffe mit vielen beweglichen Ladungsträgern.*
> *Isolatoren: Nichtleiter, Stoffe mit unbeweglichen Ladungsträgern.*

Wirkungen des elektrischen Stromes

Der elektrische Strom kann nur an seinen Wirkungen erkannt werden. Die wichtigsten Wirkungen sind:

1. Wärmewirkung,
2. Magnetfeld,
3. Stofftransport, chemische Wirkung,
4. Lichtwirkung (Lumineszenzdiode).

Durchfließt der elektrische Strom einen Ohmschen Widerstand, so erwärmt sich dieser. Jeder Strom ist von einem Magnetfeld umgeben. Ströme dienen zum Beispiel bei der Elektrolyse zur Gewinnung von Reinstmetallen.

> *Definition der Stromstärke:*
> *Die elektrische Stromstärke ist Ladung pro Zeit.*
> *$I = Q/t$ bei Gleichstrom,*
> *$I = dQ/dt$ bei zeitlich veränderlichem Strom.*
> *Die Einheit der Stromstärke I ist das Ampere, eine Grundeinheit im System der internationalen Einheiten (SI-System).*
> *$[I] = 1$ Ampere $= 1$A.*

André Marie Ampere, 1775-1836, französischer Physiker, untersuchte die Wechselwirkung elektrischer Ströme aufeinander.

Die *Definition des Ampere* erfolgt aus dem *elektrodynamischen Kraftgesetz* wie im Bild 1.1 dargestellt wird. Stromdurchflossene Leiter üben eine Kraft aufeinander aus. Gleiche Stromrichtung bewirkt Anziehung, entgegengesetzte Stromrichtung bewirkt Abstoßung.

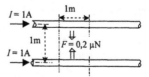

Bild 1.1 Definition des Ampere

Das *Ampere* ist die Stärke eines zeitlich unveränderlichen elektrischen Stromes durch jeden von zwei geradlinigen, parallelen, unendlich langen Leitern, die einen Abstand von 1m haben und zwischen denen die Ströme auf der Länge von 1m die *elektrodynamische Kraft* von $F=0{,}2\,\mu N$ hervorrufen.

Als *technische Stromrichtung* wird die Bewegungsrichtung der positiven Ladungsträger definiert. Sie ist der Bewegung der Elektronen entgegen gerichtet und wird durch einen *Richtungspfeil* gekennzeichnet.

Bei nicht bekannter Richtung wird ein *Zählpfeil* oder Bezugspfeil willkürlich als positive Stromrichtung angesetzt. Die Schaltungsanalyse ergibt unter dieser Annahme einen positiven oder negativen Wert des Stromes. Ein negativer Wert bedeutet, daß der tatsächliche Strom dem Zählpfeil entgegen gerichtet ist. Der Richtungspfeil ist dem Zählpfeil entgegengesetzt.

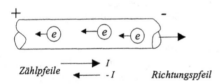

Zählpfeile $\quad\xrightarrow{} I$
$\quad\xleftarrow{} -I \quad$ *Richtungspfeil*

Bild 1.2 Zählpfeil, Richtungspfeil und Bewegungsrichtung der Elektronen

Bei Wechselstrom entspricht der Zählpfeil der Richtung während der positiven Halbwelle.

Aus der Definition des Stromes als Differentialquotient der Ladung nach der Zeit ergeben sich durch Auflösung nach Q die Gleichungen:

> *I konstant: $Q = I\,t$,*
> *I zeitabhängig: $Q = \int I\,(t)\,\mathrm{d}t$,*
> *Ladung: Strom-Zeit-Fläche.*

Kennt man die Abhängigkeit des Stromes von der Zeit $I(t)$, kann die gesamte geflossene Ladungsmenge durch Integration als Strom-Zeit-Fläche bestimmt werden, wie im Bild 1.3 gezeigt wird.

> *Die Einheit der Ladung ist das Coulomb:*
> $[Q] = 1\ \mathrm{As} = 1\ \mathrm{Coulomb} = 1\ \mathrm{C}.$

Charles Augustin de Coulomb, 1736-1806, untersuchte u.a. die Kräfte auf Ladungen.

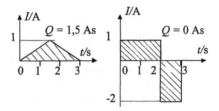

Bild 1.3 Gesamte geflossene Ladung als Strom-Zeit-Fläche

Die *Haupteigenschaft des Stromes* ist seine *Kontinuität*. Der Strom ist ein in sich geschlossenes Band überall gleicher Gesamtstärke.

Aus Bild 1.4 geht hervor, daß die Summe der drei Teilströme I_1, I_2 und I_3 aufgrund der Kontinuität gleich dem Gesamtstrom I sein muß. Diese Eigenschaft wurde zuerst von Kirchhoff im *Knotensatz* ausgedrückt.

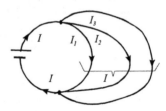

Bild 1.4 Veranschaulichung der Kontinuität des Stromes

Bei gleichem Strom in unterschiedlichen Querschnittsflächen A wird die Stromdichte S eingeführt:

> *Definition der Stromdichte S:*
> $S = I/A$, *Strom konstant, homogen auf A verteilt.*
> $S = \mathrm{d}I/\mathrm{d}A$, *Strom unterschiedlich auf den Querschnitt A verteilt.*

Die *maximale zulässige Stromdichte* ist ein Maß für die Belastbarkeit von Leitern. Die Stromdichte erweist sich bei im Raum verteilten Strömen, *bei Strömungsfeldern*, als eine wichtige *Feldgröße*.

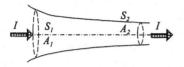

Bild 1.5 Stromdichte bei unterschiedlichem Leiterquerschnitt

Messung der Stromstärke

Zur *Strommessung* werden *Drehspulampe-remeter* eingesetzt. Eine stromdurchflossene drehbar angeordnete Spule befindet sich in einem Permanentmagnetfeld. Nach dem elektrodynamischen Kraftgesetz wird eine dem Strom proportionale Kraft erzeugt, deren Richtung von der Stromrichtung abhängt. Das durch die Kraft erzeugte Drehmoment wird durch ein von einer Spiralfeder erzeugtes Rückstellmoment so kompensiert, daß ein dem Strom proportionaler Zeigerausschlag entsteht.

Weicheiseninstrumente basieren auf magnetischen Kräften an der Trennfläche von Eisen und Luft, die Kraft ist unabhängig von der Richtung des Stromes. Sie können zur Messung von Wechselströmen eingesetzt werden.

Diese Meßgeräte wandeln den Strom in einen analogen Zeigerausschlag um. Man spricht von elektromechanischen *Analogmeßgeräten.*

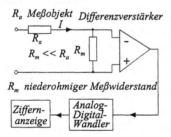

Bild 1.6 Digitale Strommessung

Die digitale Strommessung beruht auf Quantisierung, Analog-Digital-Wandlung und Ziffernanzeige. Bild 1.6 zeigt den Aufbau eines digitalen Strommessers schematisch. An einem sehr kleinen Meßwiderstand R_m wird eine Spannung abgegriffen,

in einem *Operationsverstärker* verstärkt und danach einem *Analog-Digital-Umsetzer* zugeführt. Durch entsprechende Gegenkopplung kann R_m elektronisch mit einem sehr kleinen Wert verwirklicht werden.

Der elektrische Widerstand eines *Amperemeters* sollte viel kleiner oder "niederohmiger" sein als der Widerstand des Meßobjektes. Es wird stets *in Reihe* geschaltet.

Größenvorstellung für elektrische Ströme
o Glühlampe: einige hundert mA,
o Kochplatte: einige A,
o Waschmaschine: 10 A,
o galvanische Bäder: einige kA.

1.2 Spannung

Die Spannung ist eine physikalische Größe, die den *Bewegungsantrieb* auf Ladungsträger unter Bezugnahme auf die elektrische Energie charakterisiert. Durch Ortsveränderung der Ladungsträger erfahren diese eine Energieänderung.

Ohne diesen Antrieb, der zwischen zwei Punkten einer Leitung wirkt, würden sich die Ladungsträger durch fortgesetzte Zusammenstöße mit den Atomrümpfen des elektrischen Leiters nicht weiterbewegen.

Wir unterscheiden zwei Formen von Spannungen:

Die *Urspannung* oder *Quellspannung* wird mit dem Index Null versehen: U_0. Die Spannungsquelle ist eine *Umformstelle* von anderer Energie in elektrische Energie. Hier nehmen die Ladungsträger Energie auf.

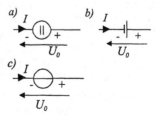

Bild 1.7 Drei mögliche Symbole für Gleichspannungsquellen: a) allgemein, b) Batteriesymbol, c) DIN- gerechte Darstellung

Der *Spannungsrichtungspfeil* wird bei *Spannungsquellen* dem Stromrichtungspfeil entgegengesetzt angesetzt.

Der *Spannungsabfall* oder einfach die *Spannung U* tritt an Energieverbrauchern auf. Hier verlieren die Ladungsträger Energie. Diese *Umformstelle* wandelt elektrische Energie in andere Energieformen, z.B. in Wärme um.

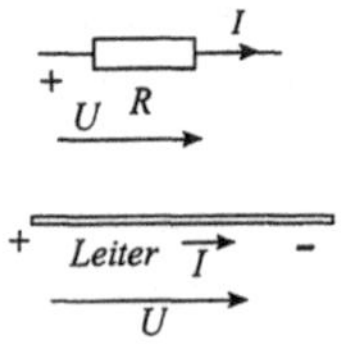

Bild 1.8 Spannungsabfall am elektrischen Widerstand und am Leiter

> *Die Richtung der Spannung wird immer von Plus nach Minus angesetzt.*

In dieser Bezugspfeilvorgabe wird die verbrauchte elektrische Energie positiv angenommen, man spricht vom *Verbraucherzählpfeilsystem*.

> *Über einer Spannungsquelle zeigen I- und U-Richtungspfeil in entgegengesetzte Richtung, in einem Verbraucher elektrischer Energie aber in gleiche Richtung.*

Zusammenwirken beider Spannungsformen: Ein Ladungsträger nimmt beim Durchlaufen einer Spannungsquelle Energie auf und gibt sie beim Lauf durch den Verbraucher an diesen vollständig wieder ab. Exakt nach einem Umlauf, nach Rückkehr zum gleichen Punkt im Stromkreis, hat der Ladungsträger die gleiche Energie wie vor seinem Umlauf. Der resultierende gesamte Energieumsatz ist nach dem Energieerhaltungssatz gleich Null.

Analog verhält sich eine Masse im Gravitationsfeld der Erde. Bei Bewegung entgegen der Schwerkraft gewinnt sie potentielle Energie, die beim freien Fall in kinetische Energie zurückverwandelt wird.

Erzeugung von Urspannungen, Spannungsquellen:

o aus *chemischer Energie* in Primär- oder Sekundärelementen (Batterien),

o aus *Wärmeenergie* in Thermoelementen (Anwendung als Temperatursensor),

o durch *Magnetfeldwirkung* aus Bewegungsenergie nach dem Induktionsgesetz (elektrischer Generator in Kraftwerken).

Definition der Spannung

Die elektrische Spannung ist der Quotient aus der aufgenommenen Energie W_{auf} oder der abgegebenen Energie W_{ab} und der Ladung Q.

> *Urspannung, Quellspannung:*
> $U_0 = W_{auf}/Q$
> *Spannungsabfall:* $U = W_{ab}/Q$
> *Die Einheit der Spannung ist das Volt.*
> $[U] = 1\,V = 1\,Ws/1\,C = 1\,W/1A.$

Alessandro Graf Volta, 1745-1827, Erfinder der ersten technisch einsetzbaren Primärelemente, Voltasche Säule.

Messung der Spannung

Gemessen wird der Spannungsabfall *parallel zum Verbraucher*. Dabei muß der Instrumentenwiderstand *hochohmig* im Vergleich zum Verbraucherwiderstand sein.

Zur analogen Messung eignen sich Drehspulinstrumente mit *hohem Widerstand*. Weil diese stromverbrauchend sind, kann die Spannungsmessung auf eine Strommessung zurückgeführt werden.

Elektrostatische Voltmeter, sogenannte Elektrometer, sind nicht stromverbrauchend, sie beruhen auf der Kraftwirkung zwischen zwei Ladungen.

Die *digitale Spannungsmessung* erfolgt unterschiedlich zu Bild 1.6 parallel zu dem Verbraucherwiderstand R_a. Der niederohmige Widerstand R_m, parallel zum *hochohmigen* Verstärkereingang, ist wegzulassen.

Größenvorstellung

o Zelle eines Bleiakkumulators: 2 V,

o Lichtnetz und Haushaltsnetz: 230 V,

o Spannung, die die Strecke von 1 cm Luft durchschlägt: 30 kV,

o Hochspannungsleitung: 230 kV, 400 kV.

Grundeigenschaft der Spannung

Im unverzweigten Stromkreis werden in Reihe liegende Urspannungen und Spannungsabfälle addiert.

Es gilt das *Additionsgesetz*, abgeleitet aus dem Energieerhaltungssatz. Die aufgenommene Energie ist gleich der abgegebenen Energie. Entgegengesetzte Richtungspfeile I und U_0 in Spannungsquellen ergeben ein negatives Vorzeichen der Leistung und der Energie.

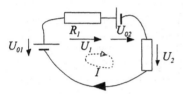

Bild 1.9 Addition von in Reihe liegenden Spannungen

In Bild 1.9 ist ein Stromkreis dargestellt, der zwei Widerstände und zwei Spannungsquellen enthält. Die Richtung des Stromes I ist zunächst unbekannt; sie hängt davon ab, welche der beiden Urspannungen größer ist.

Daher wird ein Zählpfeil für I willkürlich angesetzt. Damit liegen die Zählpfeile der Spannungen U_1 und U_2 über den beiden Widerständen fest.

Eine Ladung hat nach einem vollen Umlauf gleichviel Energie aufgenommen wie abgegeben, der gesamte Energieumsatz ist Null. Daher muß wegen der Definition der Spannung die *vorzeichenbehaftete Summe aller Spannungen im Kreis Null* sein. Die Zählung erfolgt in Richtung des gestrichelten Pfeiles, der den Umlaufsinn angibt.

$$-U_{01} + U_1 + U_2 + U_{02} = 0$$

Diese Gleichung wird auch als *Maschensatz* bezeichnet und später bei der Analyse elektrischer Schaltungen genauer untersucht.

1.3 Widerstand

Unter dem Widerstand eines Leiters versteht man qualitativ sein Widersetzen gegen den Stromdurchgang. Es ist verschieden stark, je nachdem wie der Leiter mikroskopisch und makroskopisch aufgebaut ist.

Die Stoffe werden hinsichtlich ihrer Materialeigenschaften in *Leiter, Nichtleiter und Halbleiter* eingeteilt. Die atomistische Grundlage der Leitfähigkeit ist das sogenannte Energiebändermodell.

Leiter

Die wichtigsten Leiter sind *Metalle*, besonders Silber, Kupfer und Aluminium; sie haben als Werkstoffe in der Elektrotechnik hohe Bedeutung. Jedes Metallatom gibt ein Elektron ab, das frei im Leiter beweglich ist. Man spricht von Elektronengas. Die Elektronen unterliegen ähnlich wie Gasmoleküle der thermischen Brownschen Molekularbewegung. Bei Anliegen eines elektrischen Feldes driften sie entgegen der Feldrichtung.

Andere Leiter sind Elektrolyte, z.B. wäßrige Lösungen von Salzen, Basen und Säuren.

Nichtleiter

Nichtleiter werden auch als Dielektrika oder Isolatoren bezeichnet. Zu ihnen gehören das Vakuum, nichtionisierte *Gase*, z.B. Luft, einige *Flüssigkeiten*, z.B. destilliertes Wasser, Öle, Fette und Alkohol, sowie *feste Körper*, wie Quarz, Keramik, Glas und Papier.

Bei Nichtleitern ist geringe Leitfähigkeit fast immer nachweisbar, allerdings um viele Zehnerpotenzen geringer als bei Leitern.

Halbleiter

Halbleiter sind die Grundlage moderner elektronischer Bauelemente und integrierter Schaltungen. Zu ihnen gehören vor allem Silizium, Germanium, Gallium-Arsenid, Selen und einige Metalloxide. Reines Silizium hat nur eine sehr schwache Eigenleitung, weil die Elektronen eine Energieschwelle überwinden müssen, um sich vom

Atom zu lösen. Durch Dotieren, d.h. Einbringen von Störatomen mit anderer Wertigkeit als das Grundmaterial, wird die Leitfähigkeit deutlich erhöht. Jedes Störatom stellt ein bewegliches Ladungsträgerpaar zur Verfügung.

Definition des Widerstandes

Der elektrische Widerstand wird als Quotient aus Spannung U und Stromstärke I definiert. Die Definitionsgleichung $U = I \cdot R$ bezeichnet man auch als *Ohmsches Gesetz* im weiteren Sinne. Das Ohmsche Gesetz im engeren Sinne gilt nur für Metalle.

> *Widerstand: $R = U / I$.*
> *Einheit des Widerstandes:*
> *$[R]$ = 1 Ohm = 1V/1A = 1 Ω (Omega).*
> *Ohmsches Gesetz: R = konst.*
> *Für Metalle ist der Widerstand bei konstanter Temperatur konstant, die Strom-Spannungs-Kennlinie ist streng linear (eine Gerade).*

Dieses von Ohm formulierte Naturgesetz gilt in einem weiten Bereich von etwa 10 Zehnerpotenzen des Stromes.

Georg Simon Ohm, 1789-1854, deutscher Physiker, Entdecker des Ohmschen Gesetzes.

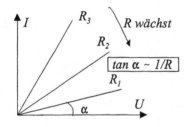

Bild 1.10 *I-U*-Diagramm metallischer Widerstände

Das Strom-Spannungs-Diagramm oder I-U-Diagramm

Graphisch stellt man fast immer den Strom in Abhängigkeit von der Spannung dar, auch für Halbleiterbauelemente mit nichtlinearer Kennlinie. In diesem Diagramm ist der Anstieg gleich dem reziproken Widerstand.

Ausnahmen, d.h. Widerstände mit nichlinearen Kennlinien, sind genau genommen alle nichtmetallischen Leiter, z.B. Elektrolyte und Halbleiter. Als differentieller Widerstand wird dann der reziproke Anstieg der Tangente an die *I-U*-Kennlinie definiert: $r = \mathrm{d}U/\mathrm{d}I$. Ein typisches Beispiel ist die Kennlinie einer Halbleiterdiode.

Widerstands-Bemessungsgleichung

Bei linienhaften Leitern mit konstanter Querschnittsfläche A ist der Widerstand R proportional der Länge l und umgekehrt proportional dem Querschnitt A:

$$R = \rho \frac{l}{A} = \frac{l}{\kappa A}$$

Hierin bedeuten ρ den spezifischen Widerstand und $\kappa = 1/\rho$ die Leitfähigkeit. Diese Stoffkonstanten berücksichtigen die Stoffabhängigkeit des Widerstandes. Der spezifische Widerstand ist temperaturabhängig:

Temperaturabhängigkeit : $\rho = \rho_{20}(1 + \alpha_{20}\Delta\vartheta)$,

Temperaturkoeffizient (TK): α_{20}.

$\Delta\vartheta$ bedeutet die Temperaturdifferenz zu 20°C. Bei dieser Temperatur wurden der spezifische Widerstand ρ_{20} und der TK α_{20} ermittelt.

Begründung der Temperaturabhängigkeit des Widerstandes

Die Schwingungen des Metallgitters werden mit wachsender Temperatur stärker, und die Häufigkeit des Zusammenstoßes der Elektronen mit den Atomrümpfen wird größer. Bei Metallen wächst der Widerstand mit der Temperatur, das entspricht einem *positiven Temperaturkoeffizienten*. Bei Halbleitern dagegen wächst die Zahl der Ladungsträger und ihre Beweglichkeit mit der Temperatur, so daß diese einen negativen Temperaturkoeffizienten aufweisen.

Wichtig für die Herstellung von Präzisionswiderständen in der Meßtechnik sind spezielle Legierungen, deren TK nur etwa 1/100 des Wertes von Metallen beträgt, z.B. *Konstantan.*

Technische Ausführungsformen und Anwendung

Kohleschicht- und Metallschichtwiderstände sind wichtige Bauelemente der Elektrotechnik und Elektronik. Ihre Größe ist von der in Wärme umzusetzenden Leistung abhängig. Sie werden als *Festwiderstände* und *Stellwiderstände* hergestellt.

Die Werte von Festwiderständen sind nach einer Exponentialreihe gestaffelt. Sie werden z.B. als Arbeitswiderstände in der Elektronik und zur Erweiterung von Meßbereichen bei Meßinstrumenten eingesetzt. Stellwiderstände dienen zur Veränderung von Strömen und Spannungen.

Leitwertbegriff

Bewährt hat sich zur Berechnung von Parallelschaltungen die Einführung des *Leitwertes als reziproken Widerstand*, $G = 1/R$, mit der Einheit:

$$[G] = 1 \text{ Siemens} = 1\text{S}.$$

Werner von Siemens, 1816-1892, Entdecker des dynamoelektrischen Prinzips bei elektrischen Generatoren.

1.4 Elektrische Energie und Leistung

Die *Energie W* ist die Fähigkeit Arbeit zu verrichten. Die *Leistung P* ist Arbeit pro Zeiteinheit.

> *Die Einheit der Energie ist das Joule oder die Wattsekunde:*
> $[W] = 1$ Wattsekunde $= 1$ Ws $=$
> 1 kg m^2/s^2 = 1 Nm = 1 Joule = 1 J.

Die Energiepreise werden für Kilowattstunden angegeben: 1 kWh = 3,6 MWs.

$$\text{Konstanter Energieverbrauch}: P = \frac{W}{t},$$

$$\text{Energie ist zeitabhängig}: P = \frac{dW}{dt},$$

$$W = \int P dt.$$

Die Umrechnung in die ältere Einheit für die Wärmemenge ist: 1Ws = 0,239 cal.

> *Die Einheit der Leistung ist das Watt:*
> $[P] = 1$ Watt $= 1$ W $= 1$ J/s.

James Watt, 1736-1819, Erfinder der Dampfmaschine.

James Prescott Joule, 1818-1889, englischer Physiker.

Wesen der elektrischen Energieübertragung

Sie wird durch *bewegte Ladungen* über *niederohmige Leitungen* transportiert. Dabei entstehen geringe Verluste ΔW, wenn der Spannungsabfall über der Leitung ΔU klein ist.

$$\Delta W = Q \Delta U$$

Aus der Spannungsdefinition $U = W/Q$ folgt:

$$\text{Energie bei Gleichstrom}: W = QU = UIt,$$

$$\text{Allgemein}: W = \int U I dt.$$

$$\text{Leistung}: P = UI = I^2 R = \frac{U^2}{R}.$$

Elektrische Energie wird in Energieversorgungssystemen zum Zwecke der Wandlung in andere geeignete Energieformen vom Erzeuger zum Verbraucher übertragen.

In der Kommunikationstechnik wird Energie zum Transport elektrischer Signale zur *Informationsübertragung* eingesetzt. Beide Fälle unterscheiden sich deutlich bei der Gestaltung der Übertragungseinrichtungen. Gemeinsam gilt aber die im Bild 1.11 dargestellte Anordnung.

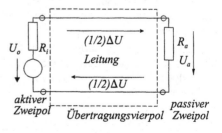

Bild 1.11 Modell der elektrischen Energieübertragung

Das Ziel der elektrischen *Energieübertragung* zur *Energieversorgung* ist ein hoher *Wirkungsgrad* bei kleinen Verlusten. Dazu muß die Spannungsquelle einen kleinen Innenwiderstand R_i gegenüber dem Arbeitswiderstand R_a des Verbrauchers aufweisen.

Die elektrische *Informationsübertragung* sollte dagegen so erfolgen, daß *maximale Leistung* vom Sender zum Empfänger gelangt. Hierzu ist die Bedingung $R_a = R_i$ einzuhalten. Bei vorgegebener Senderleistung P_i wird dann die Empfangsleistung P_a maximal werden (lokales Maximum). Man spricht von *Widerstandsanpassung*. Hier werden Ergebnisse vorweggenommen, die erst in Abschnitt 1.7 hergeleitet werden.

Der *Innenwiderstand* des Symbols oder Schaltzeichens für eine Spannungsquelle entsprechend Bild 1.7 ist Null. Damit wird ausgedrückt, daß die Quellspannung unabhängig vom Strom konstant bleibt.

Diese Bedingung ist praktisch nie erfüllt. Alle Quellen haben einen von Null verschiedenen, wenn auch sehr kleinen Innenwiderstand. Er ist mit dem Wirkungsprinzip der in der Quelle stattfindenden Energieumwandlung verbunden und nicht direkt zugängig. Eine Bestimmung gelingt nur indirekt durch Messung des Stromes I, der Leerlaufspannung U_0 und der Spannung U_a an den Klemmen der Quelle bei einem vorgegebenen Lastwiderstand R_a. Der Innenwiderstand wird dann $R_i = (U_0 - U_a)/I$.

Bei Energie- und Leistungsbetrachtungen ist eine Spannungsquelle U_0 immer mit ihrem in Reihe liegenden Innenwiderstand R_i darzustellen. Man spricht von einem *"aktiven Zweipol"*.

Er wird im *I-U-Diagramm* entsprechend Bild 1.12 durch eine fallende Gerade dargestellt, die die *I-Achse* beim *Kurzschlußstrom* I_k schneidet.

Das Diagramm enthält die Kennlinien für zwei unterschiedliche Innenwiderstände und Kurzschlußströme bei gleicher Leerlaufspannung. Ein kleinerer Innenwiderstand bedeutet eine größere Neigung der Kennlinie.

Im Gegensatz dazu enthält ein *"passiver Zweipol"* keine Quellen und kann allein durch einen Widerstand dargestellt werden.

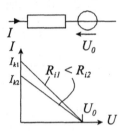

Bild 1.12 Aktiver Zweipol, *I-U*-Diagramm

1.5   Analyse von Gleichstromkreisen

1.5.1 Kirchhoffsche Sätze

Knotensatz

Aus der Kontinuitätseigenschaft des Stromes folgt:

Die Summe aller vorzeichenbehafteten Ströme in einem Knoten ist Null.

$$\text{Knotensatz:} \quad \sum_{k=1}^{n} I_k = 0$$

Dann ist die Summe aller hinfließenden Ströme gleich der Summe aller wegfließenden Ströme. *Die hinfließenden Ströme sind hier positiv, die wegfließenden negativ* angesetzt.

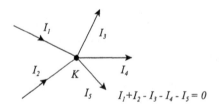

Bild 1.13 Stromknoten

Von einem Knoten im engeren Sinne gehen entsprechend Bild 1.14 mindestens 3 Zweige aus. Häufig werden in Schaltplänen für

einen Knoten mehrere durch Leitungen verbundene Knoten gezeichnet.

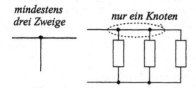

mindestens drei Zweige   *nur ein Knoten*

Bild 1.14 Zur Knotendefinition

Maschensatz

Einen geschlossenen Weg in einem Netz-
werk bezeichnet man als Masche. Aus dem
Energieerhaltungssatz beim Umlauf einer
Ladung in einer Masche folgt:

*Die Summe aller vorzeichenbehafteten
Spannungen in einer Masche ist Null.*

$$\text{Maschensatz:}\quad \sum_{j=1}^{m} U_j = 0$$

Robert Kirchhoff, 1824-1887, deutscher Physiker, formulierte als erster den Knoten- und
Maschensatz.

Bild 1.15 zeigt ein Beispiel für die Anwendung des Maschensatzes.

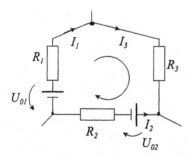

$$-U_{01} + I_1 R_1 - I_2 R_2 + U_{02} + I_3 R_3 = 0$$

Bild 1.15 Masche mit drei Zweigen

Sonderfall: Eine Masche kann auch offen
sein. Dann wird über der Trennstelle eine
unbekannte Spannung angesetzt und damit
die Masche formell geschlossen. Die Ma-
schengleichung kann jetzt aufgestellt werden.

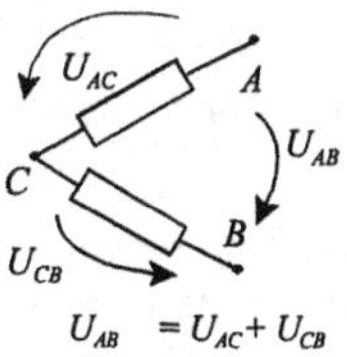

$$U_{AB} = U_{AC} + U_{CB}$$

Bild 1.16 Offene Masche

Die Berechnung aller Ströme und Spannungen von elektrischen Schaltungen bezeichnet man auch als *Netzwerkanalyse*.

Begriffe

Netzwerk: Kombination von *z Zweigen*, die
über *k Knoten* miteinander verbunden sind.

Baum: Anordnung von Zweigen, die miteinander keine geschlossenen Maschen bilden.

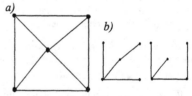

Bild 1.17 a) Graph eines Netzwerkes mit
$k = 5$ Knoten und $z = 8$ Zweigen b) mögliche
vollständige Bäume des Netzwerks

Graph einer Schaltung: Anordnung der
Zweige und Knoten einer Schaltung ohne
Berücksichtigung der in den Zweigen ent-
haltenen Schaltelemente. Das Bild 1.17
zeigt ein Beispiel für einen Graphen und
zwei dazugehörige vollständige Bäume.

1.5.2 Zweigstromanalyse

Die Knoten- und Maschengleichungen eines Netzwerks bilden ein *Gleichungssystem*, aus dem alle Zweigströme berechnet
werden können. Dabei entstehen zwei Fragen:

Wieviel Knotengleichungen sind aufzustellen?

Welche Maschengleichungen sind auszu-
wählen?

Die Antwort auf die erste Frage lautet: k-1 beliebige Knoten müssen gewählt werden.

Damit verbleiben $m = z$-k+1 Maschengleichungen.

Wählt man fälschlicherweise k Knotengleichungen, dann entsteht ein abhängiges Gleichungssystem. Die Richtigkeit dieser Aussage kann man bereits an zwei Knoten nachweisen. Die Gleichungen für Knoten K_1 und Knoten K_2 in Bild 1.18 sind identisch.

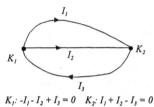

$$K_1: -I_1 - I_2 + I_3 = 0 \quad K_2: I_1 + I_2 - I_3 = 0$$

Bild 1.18 Zahl der Knotengleichungen k-1, hier nur eine Knotengleichung ansetzen

Zur Beantwortung der schwierigeren zweiten Frage erweist sich der Begriff des vollständigen Baumes als hilfreich.

Ein *vollständiger Baum* ist eine Anordnung von Zweigen, die alle Knoten berührt, wobei aber keine geschlossenen Maschen gebildet werden. Ordnet man jedem übrigbleibenden Verbindungszweig eine Masche so zu, daß alle anderen Zweige der Masche Baumzweige sind, dann erhält man ein System unabhängiger Maschen.

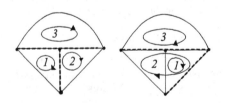

Bild 1.19 Vollständige Bäume (gestrichelte Linien) mit unabhängigen Maschen

Das Bild 1.19 zeigt einen Netzwerkgraphen mit zwei möglichen vollständigen Bäumen und entsprechend gewählten unabhängigen Maschen.

Beispiel für den Knotensatz

Gegeben sei ein Graph nach Bild 1.20 mit 4 Knoten und 6 Zweigen. 6 Gleichungen sind erforderlich, davon 3 Knoten- und 3 Maschengleichungen. Vorgegeben seien die Ströme I_{12}, I_{24}, I_{31}, gesucht sind die übrigen Ströme.

Die Knotengleichungen für die Knoten 1, 2 und 4 bilden ein Gleichungssystem, das so konditioniert ist, daß aus jeder Gleichung ein fehlender Strom berechnet werden kann.

$$Knoten\,1: I_{14} = I_{31} - I_{12} = 1A$$
$$Knoten\,2: I_{23} = I_{12} - I_{24} = -2A$$
$$Knoten\,4: I_{43} = I_{24} + I_{14} = 4A$$

Man beachte, daß die Gleichung für den Knoten 3 mit der Summe aller Gleichungen der Knoten 1, 2 und 4 übereinstimmt und daher abhängig ist. Sie kann bestenfalls zur Kontrollrechnung verwendet werden.

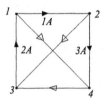

Bild 1.20 Anwendung des Knotensatzes, nur 3 Knotengleichungen ansetzen!

Beispiel zur Zweigstromanalyse

Betrachtet wird die Parallelschaltung zweier aktiver Zweipole mit einem passiven Zweipol nach Bild 1.21. Für jeden der drei Zweige soll der unbekannte Strom berechnet werden, drei Gleichungen müssen aufgestellt werden. Gewählt werden der Knoten K und die Maschen I und II.

Es gilt: $z = 3$, $k = 2$, $m = z$-k+1 = 2.

Zur Vorbereitung der Analyse wurden in jedem Zweig Zählpfeile für die unbekannten Ströme und Richtungspfeile der vorgegebenen Spannungsquellen von Plus nach Minus angegeben. Ferner sind für die Maschen Umlaufsinne willkürlich vorzugeben.

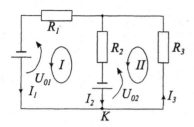

Bild 1.21 Beispiel zur Zweigstromanalyse

Für den unteren Knoten wird die Knotengleichung aufgestellt. Dabei wurden I_1 und I_2 positiv angesetzt und I_3 als wegfließender Strom negativ.

Für die Masche I gilt: I_2 ist entgegen dem Umlaufsinn gerichtet und verursacht einen negativen Spannungsabfall, I_1 hat die gleiche Richtung wie der Umlaufsinn und ergibt daher einen positiven Spannungsabfall.

Als die gegebenen Größen treten die Quellspannungen mit umgekehrten Vorzeichen auf der rechten Seite der Gleichung auf.

$$K: I_1 + I_2 - I_3 = 0$$
$$I: I_1 R_1 - I_2 R_2 = (U_{01} - U_{02})$$
$$II: I_2 R_2 + I_3 R_3 = U_{02}$$

Zu empfehlen ist die Einhaltung eines Ordnungssystems. Gleiche Ströme sollten untereinander in der Reihenfolge der Veränderlichen I_1, I_2, I_3 angeordnet werden. Dies ist zugleich die Vorbereitung der Matrixdarstellung eines Gleichungssystems, deren Lösung dann routinemäßig, z.B. mit Determinanten erfolgen kann.

Das Gleichungssystem kann mit elementaren Methoden gelöst werden.

Aus der Schulmathematik ist das Einsetzungsverfahren bekannt. Bei größeren Gleichungssystemen ist die Matrizen- und Determinantenrechnung anzuwenden, die ein weitgehend schematisches Vorgehen ermöglicht.

Mit dem Einsetzungsverfahren wurde hier Gleichung K nach dem Strom I_3 aufgelöst und in Gleichung I und II eingesetzt.

Aus Gleichung II wurde danach der Strom I_2 bestimmt, dann in Gleichung I eingesetzt und nach I aufgelöst.

Durch Einsetzen des errechneten Stromes I_1 in II erhält man I_2, und durch erneutes Einsetzen nunmehr beider Ströme in K wird I_3 bestimmt. Nach dieser Rücksubstitution liegen alle Ströme in allgemeiner Form vor:

$$I_1 = \frac{-(U_{02} - U_{01})(R_3 + R_2) + U_{02} R_2}{R_1(R_3 + R_2) + R_3 R_2}$$

$$I_2 = \frac{(U_{02} - U_{01})R_3 + U_{02} R_1}{R_1(R_3 + R_2) + R_3 R_2}$$

$$I_3 = \frac{U_{01} R_2 + U_{02} R_1}{R_1(R_3 + R_2) + R_3 R_2}$$

Dem Leser wird die selbständige Lösung dieses Beispiels nach der vorgegebenen Eliminationsreihenfolge, nach einer selbst gewählten Reihenfolge oder nach einer anderen Methoden, z.B. nach dem Gaußverfahren, als gute Übung empfohlen.

Man beachte, daß die Nenner aller drei Ströme gleich sind. Sie stellen die Koeffizientendeterminante des Gleichungssystems dar. Sie darf keine negativen Terme enthalten. Zur Überprüfung der Richtigkeit muß die Summe der Ströme $I_1 + I_2$ den Strom I_3 ergeben.

Für die *Zweigstromanalyse* werden abschließend folgende Schritte empfohlen:

1. Richtungspfeile für Spannungsquellen und Zählpfeile für Zweigströme vorgeben.
2. Aufstellung von k-1 Knotengleichungen.
3. Markierung von Baumzweigen für einen vollständigen Baum.
4. Einzeichnen von $m = z-k+1$ unabhängigen Maschen und Vorgabe eines Umlaufsinnes.
5. Aufstellen der Maschengleichungen.
6. Ordnen nach Strömen, Lösung des Gleichungssystems.

Bild 1.19 demonstriert die Schritte 3 und 4 nach der Methode des vollständigen Baumes als ein mögliches Verfahren zur sicheren Auswahl geeigneter Maschen.

Bei ungeschickter Auswahl der Maschen können abhängige Gleichungen entstehen, und das Gleichungssystem ist nicht lösbar.

1.5.3 Widerstände im Stromkreis

Reihenschaltung

Nach dem Maschensatz ist die Gesamtspannung U gleich der Summe der Einzelspannungen. Da die Widerstände vom gleichen gemeinsamen Strom durchflossen werden, muß auch der Gesamtwiderstand R gleich der Summe der Einzelwiderstände sein.

Die *Spannungsteilerregel* lautet: Die *Teilspannungen* verhalten sich *proportional zu den* zugehörigen *Widerstandswerten*. Speziell gilt für nur zwei Widerstände R_1 und R_2: Die Teilspannung U_2 verhält sich zur Gesamtspannung U wie der Widerstand R_2 zum Gesamtwiderstand R_1+R_2. Diese Regel wird sehr häufig angewendet.

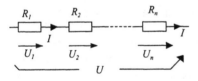

Bild 1.22 Reihenschaltung von Widerständen

Die Gleichungen für die *Reihenschaltung* von Widerständen sind wie folgt zusammengestellt.

$$U = U_1 + U_2 + \text{--} + U_n;$$
$$IR = I(R_1 + R_2 + \text{--} + R_n);$$
$$R = R_1 + R_2 + \text{--} + R_n.$$

Spannungsteilerregel:

$$\frac{U_2}{U} = \frac{R_2}{R_1 + R_2}.$$

Parallelschaltung

Für die Parallelschaltung gilt der Knotensatz. Die Summe aller Teilströme ergibt den Gesamtstrom I. Weil die Spannung über jedem Leitwert $G_k = 1/R_k$ gleich ist, ist der Gesamtleitwert G gleich der Summe aller Einzelleitwerte.

Für nur zwei Widerstände ist die Stromteilerregel leicht zu formulieren. Die *Ströme* verhalten sich *proportional zu* den zugehörigen *Leitwerten* oder speziell: ein Teilstrom I_2 verhält sich zum Gesamtstrom I wie der Teilleitwert G_2 zum Gesamtleitwert $G = G_1 + G_2$.

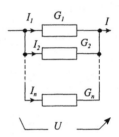

Bild 1.23 Parallelschaltung von Widerständen

Für die Parallelschaltung von zwei Widerständen wird häufig die folgende Formel angewendet: $R_1 \| R_2 = \dfrac{R_1 R_2}{R_1 + R_2}.$

Die Gleichungen für Parallelschaltung von Widerständen folgen:

$$I = I_1 + I_2 + \text{--} + I_n$$
$$UG = U(G_1 + G_2 + \text{--} + G_n)$$
$$G = (G_1 + G_2 + \text{--} + G_n)$$
$$\frac{1}{R} = \frac{1}{R_1} + \frac{1}{R_2} + \text{--} + \frac{1}{R_n}$$

Stromteilerregel:

$$\frac{I_2}{I} = \frac{G_2}{G_1 + G_2} = \frac{R_1}{R_1 + R_2}$$

Wheatstone-Brücke

Die Wheatstone-Brücke ist eine wichtige elementare Schaltung, die zur Messung von unbekannten Widerständen dient. Als Sensor mit Nulldurchgang für Meßgrößen, die sich in einen Widerstand umformen lassen, wird sie ebenfalls häufig eingesetzt.

Die Abgleichbedingung gewinnt man mit Hilfe der Spannungsteilerregel, die Diagonalspannung wird aus dem Maschensatz für eine Masche bestimmt, die die Diagonalspannung U_d enthält. Die Ergebnisse kann der interessierte Leser leicht selbst herleiten; sie sind im folgenden zusammengestellt.

Abgleichbedingung: $U_d = 0$

$$\frac{U_1}{U_2} = \frac{U_x}{U_n} \qquad \frac{R_1}{R_2} = \frac{R_x}{R_n}$$

Diagonalspannung: $U_d = U_n - U_2$,

$$U_d = U_0 \left(\frac{R_n}{R_n + R_x} - \frac{R_2}{R_1 + R_2} \right)$$

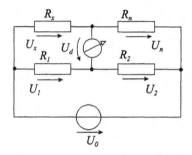

Bild 1.24 Wheatstone-Brücke

1.5.4 Zweipolsatz

Der Begriff des Zweipols wurde bereits in Abschnitt 1.4 eingeführt.

Trennt man eine Schaltung, die Widerstände und Spannungsquellen enthält, so auf, daß ein Teil als *aktiver Zweipol* alle Spannungsquellen enthält, so kann dieser aktive Zweipol durch die Reihenschaltung einer *Ersatzspannungsquelle* U_{0e} und eines *Ersatzinnenwiderstandes* R_{ie} ersetzt werden.

Die Ersatzspannung U_{0e} ist gleich der Leerlaufspannung an den offenen Klemmen. Der Ersatzinnenwiderstand wird zwischen den offenen Klemmen ermittelt, wobei alle Spannungsquellen durch einen Kurzschluß zu ersetzen sind.

Der zweite Teil der Schaltung ist meist ein *passiver Zweipol*, der im Gleichstromfall zu einem Ersatzwiderstand R_a zusammengefaßt werden kann.

Befinden sich mehrere Spannungsquellen im aktiven Zweipol, so sind zur Ermittlung

der Ersatzspannungsquelle U_{0e} der Überlagerungssatz oder die Maschensätze anzuwenden.

Das folgende *Beispiel* in Bild 1.25 beschränkt sich auf nur eine Quelle.

Den aktiven Zweipol erhält man durch Auftrennen an den Klemmen A und B. Der Ersatzinnenwiderstand R_{ie} entspricht dem Widerstand zwischen A und B bei Kurzschluß von U_0: $R_{ie} = R_1 \| R_2 + R_3$. Die Ersatzurspannung U_{0e} entspricht der Spannung über dem Widerstand R_2 des offenen aktiven Zweipols: $U_{0e} = U_0 R_2 / (R_1 + R_2)$.

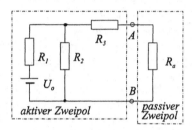

Bild 1.25 Beispiel zum Zweipolsatz

Die Analyse von Schaltungen mit dem Zweipolsatz ist vor allem dann günstig, wenn der Strom und die Spannung nur an einem Klemmenpaar interessieren.

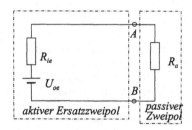

Bild 1.26 Ersatzschaltung des aktiven Zweipols von Bild 1.25

1.6 Leistung im Gleichstromkreis

Die in 1.4 begonnenen Leistungsbetrachtungen werden nun am einfachen Stromkreis nach Bild 1.27 fortgesetzt.

Die Wahl des Lastwiderstandes R_a im Vergleich zu R_i ist vom Anwendungsfall abhängig. Zwei Hauptanwendungen wurden unterschieden, die *Energietechnik* und die *Informationstechnik*.

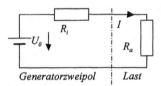

Bild 1.27 Zusammenwirken von Generator und Last, von aktivem und passivem Zweipol

Der Leistungsumsatz hängt vom Verhältnis des Generatorinnenwiderstandes R_i zum Lastwiderstand R_a ab.

Die *elektrische Energietechnik* befaßt sich mit der Erzeugung, Übertragung und Nutzung von Elektroenergie. Die Energieübertragung soll mit geringen Verlusten erfolgen. Der Innenwiderstand R_i der Quelle soll aus der Reihenschaltung des Generatorwiderstandes mit dem Widerstand der Übertragungsleitung bestehen. Die hier verbrauchte Leistung ist eine Verlustleistung. Ein großes Verhältnis von Nutzleistung P_a zur gesamten erzeugten Leistung P_g, d.h. ein hoher Wirkungsgrad η (Eta), wird angestrebt.

$$\eta = \frac{P_a}{P_g} = \frac{R_a}{R_a + R_i}; \quad \eta \cong 1, \ wenn \ R_a > R_i.$$

Der Arbeitswiderstand R_a muß sehr groß gegen den Innenwiderstand R_i gewählt werden. Der Generator wird praktisch im Leerlauf betrieben. Damit ist zugleich der Vorteil verbunden, daß die Spannung bei Erhöhung der Last nur geringfügig kleiner wird.

Zur Energieübertragung mit hohem Wirkungsgrad ist eine hohe Spannung erforderlich.

Ein *Zahlenbeispiel* zum Bild 1.27 soll das verdeutlichen. An R_a soll eine Leistung von 200 kW verbraucht werden, der Innenwiderstand sei mit R_i = 0,1 Ω vorgegeben. Für a) U_a = 200 V und b) U_a = 2kV sind der Widerstand R_a, der Strom I und der Wirkungsgrad η zu bestimmen.

Lösung: a) I = 1 kA und $R_a = U_a^2/P_a$=0,2Ω, der Wirkungsgrad ist nur 66,7% wegen η = 0,2/(0,2+0,1)=0,667.

b) Für die deutlich größere Spannung U_a = 2kV wird I = 100A und R_a = 20Ω. Der Wirkungsgrad ist mit η = 0,995 fast 1.

In der *Informationstechnik* möchte man eine hohe Leistung vom Sender zum Empfänger übertragen. Für den einfachsten Stromkreis in Bild 1.27 wird der Strom I und daraus die Leistung P_a bestimmt.

$$P_a = I^2 R_a, \quad I = \frac{U_0}{R_i + R_a}$$

Leistung als Funktion von R_a:

$$P_a = \left(\frac{U_0}{R_i + R_a}\right)^2 R_a = \frac{U_0^2}{\left(1 + \dfrac{R_a}{R_i}\right)^2} \frac{R_a}{R_i^2};$$

$$P_a = \frac{U_0^2}{R_i} \frac{x}{(x+1)^2} \quad mit \quad x = \frac{R_a}{R_i}.$$

Durch Berechnung des Extremwertes von P_a als Funktion von $x = R_a/R_i$ erhält man mit der sogenannten *Widerstandsanpassung* $R_a = R_i$ die maximal mögliche Leistung am Verbraucher.

> *Maximale Leistung bei*:
>
> $$x = 1, \quad R_a = R_i, \quad P_{amax} = \frac{U_0^2}{4R_i}.$$

In der Rechnung wird nach x differenziert. x stellt den normierten Abschlußwiderstand dar. Setzt man die Ableitung gleich Null, so erhält man das Extremum bei $x = \pm 1$. Der negative Wert hat keine technische Bedeutung, der positive Wert liefert ein Maximum der abgegebenen Leistung.

Die Herleitung der Widerstandsanpassung durch Ableitung der Funktion $P_a(x)$ sollte der Leser selbst probieren.

Die Funktion $P_a(x)$ hat ein flaches Maximum. Größere Abweichungen von der Widerstandsanpassung bedeuten daher noch keine deutliche Verminderung der maximalen Leistung. Die obere Kurve des Bildes 1.28 zeigt die Gesamtleistung als Funktion des normierten Lastwiderstandes, die untere Kurve stellt die Leistung am Lastwiderstand dar.

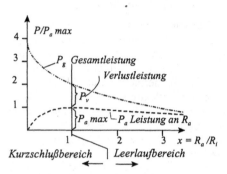

Bild 1.28 Leistung in Abhängigkeit vom normierten Lastwiderstand

Die gesamte Leistung $P_g = I^2(R_i + R_a)$ setzt sich aus der am Innenwiderstand umgesetzten Verlustleistung $P_v = I^2 R_i$ und der Leistung P_a zusammen.

1.7 Wandlung elektrischer Energie in andere Energieformen

Die elektrische Energie erweist sich als zweckmäßige, für die Übertragung besonders geeignete universelle Zwischenform, die beim Verbraucher in Wärmeenergie, Lichtenergie, mechanische Energie oder chemische Energie gewandelt wird.

Für die Umwandlung einer Energieform in eine andere gilt der *Energieerhaltungssatz*.

Die gewünschte Energieform bezeichnet man als *Nutzenergie*. Die Umformung gelingt niemals so perfekt, daß nur Nutzenergie entsteht. Unerwünschte *Verluste* müssen in Kauf genommen werden. Die gleichen Aussagen gelten auch für die Leistung, weil sie gleich Arbeit pro Zeiteinheit ist.

Bezeichnet man mit P_a die Nutzleistung der gewünschten Energieform, mit P_v die Verlustleistung und mit P_g die gesamte Lei-

stung der umzuwandelnden Energie, so wird der Wirkungsgrad:

$$\eta = \frac{P_a}{P_g} = \frac{P_g - P_v}{P_g}; \ \eta \leq 1.$$

Die Vorteile der elektrischen Energie sind hier nochmals zusammengestellt:

o Sie ist in großen Mengen *über große Entfernungen mit kleinen Verlusten* mit hoher Geschwindigkeit übertragbar.

o Der *Wirkungsgrad* der Umformung in andere Energieformen ist außerordentlich *gut*.

Ein besonderes Problem ist die *Energiespeicherung*. Sie ist mit gutem Wirkungsgrad in *Pumpspeicherwerken* möglich. Bei geringem Bedarf in den Nachtstunden wird elektrische Energie dazu verwendet, Wasser von einem tiefliegenden Behälter in einen hochliegenden Behälter zu pumpen. Die potentielle mechanische Energie wird damit gespeichert und zur Hauptlastzeit in von Wasserturbinen angetriebenen Generatoren wieder in elektrische Energie zurückgewandelt.

Kleinere Energiemengen können durch Laden eines *Akkumulators* in chemische Energie umgewandelt werden. Beim Entladen wird die chemische Energie in elektrische Energie zurückgewandelt.

1.7.1 Wandlung elektrischer Energie in mechanische Energie

Der Elektromotor löste historisch die Dampfmaschinen in den Fabriken ab. Mechanische Energie, die bisher zentral erzeugt und über Transmissionen an die Arbeitsmaschinen weitergeleitet wurde, konnte nun verteilt direkt an den Maschinen erzeugt werden.

Die Umwandlung elektrischer Energie in mechanische Energie erfolgt im *Elektromotor*. Als Zwischenform tritt magnetische Feldenergie auf. Der Umformungswirkungsgrad liegt mit 80..90% sehr hoch. Die Antriebstechnik erfordert neben der Kenntnis der Wirkungsweise und Konstruktion verschiedener Formen von Elektromotoren auch ein umfangreiches Wissen über die Eigenschaften der angetriebenen Arbeitsmaschine.

Die Wirkungsweise des *Elektromotors* beruht auf dem Zusammenwirken des *elektrodynamischen Kraftgesetzes* mit dem *Induktionsgesetz*. Auf einen stromdurchflossenen Leiter im Magnetfeld wird eine Kraft ausgeübt, die eine Bewegung veranlaßt. Durch die Bewegung wird ein Gegenstrom induziert.

Dieses Wirkungsprinzip ist umkehrbar. Ein *Generator* gehört ebenso wie der Motor zu den rotierenden elektrischen Maschinen. Er erzeugt einen elektrischen Strom, wenn man seine Welle antreibt. In seinem Läufer wird eine elektrische Spannung induziert, die an Schleifringen als Wechselspannung abgegriffen werden kann. Der an einen Verbraucher abgegebene Strom bremst die Drehbewegung.

Um die Energiewandlung besser zu verstehen, müssen zunächst bekannte Formeln aus der Mechanik für die Energie W_{me} und die Leistung P_{me} zusammengestellt werden.

Für eine geradlinige Bewegung eines Körpers (Translation) mit der Geschwindigkeit v gegen eine Kraft F gilt:

$$W_{me} = Fs, P_{me} = Fv.$$

Die Translation betrifft z.B. Aufzüge, Pumpen und Bahnen.

Bei der Kreisbewegung (Rotation) gibt es analoge Formeln. Hierbei sind die Kraft durch das Drehmoment M, der Weg s durch den Drehwinkel α und die Geschwindigkeit durch die Winkelgeschwindigkeit ω zu ersetzen.

$$W_{me} = M\alpha, P_{me} = M\omega.$$

Durch Einbeziehen des Umformungswirkungsgrades

$$P_{me} = \eta \, P_{el} \text{ oder } P_{me} = \eta \, P_{el}$$

können mit diesen Gleichungen bereits einfache Aufgaben der Wandlung elektrischer Energie in mechanische Energie und umgekehrt gelöst werden. Als unerwünschte

Verlustleistung tritt u.a. auf der elektrischen Seite Stromwärme und auf der mechanischen Seite Reibungswärme auf.

1.7.2 Wandlung elektrischer Energie in Wärme

Elektrische Energie wird u.a. in Ohmschen Widerständen, die als Heizelemente entsprechend konstruiert sind, in *Wärme* umgesetzt. Dieses Teilgebiet der Anwendung von Elektroenergie wird als *Elektrowärme* bezeichnet. Elektrowärme wird vielseitig in Haushalt und Industrie angewendet. Hier soll die Erwärmung von Wasser beispielhaft betrachtet werden. Wesentliche Formeln werden im folgenden zusammengestellt.

Thermisch isoliertes Gefäß

Ideale Bedingungen sind bei der Erwärmung in einem thermisch isolierten Gefäß gegeben. Dieses Gefäß verhindert den Wärmeaustausch mit der Umgebung. Nach Formel (1) der Tafel bewirkt die Zufuhr von Energie $\Delta W = Q$ als Wärme eine vollständige Speicherung dieser Wärmemenge Q, die sich in einer proportionalen Temperaturerhöhung $\Delta\vartheta$ äußert. Außerdem ist die Temperaturerhöhung noch der zu erwärmenden Masse proportional und abhängig von einer Materialkonstanten, der spezifischen Wärmekapazität c.

Thermische Isolation zur Umgebung:

$$\Delta W = Q = cm\Delta\vartheta = C_w \Delta\vartheta . \quad (1)$$

$c =$ *spezifische Wärmekapazität*,

$\Delta\vartheta =$ *Temperaturerhöhung*,

$m =$ *Masse*; $C_w = cm$ *Wärmekapazität*;

$$Wasser: c = 1{,}163 \frac{\text{Wh}}{\text{K kg}} = 4{,}19 \frac{\text{Ws}}{\text{K kg}},$$

$$\eta_1 P_{el} = P_{wz} = \frac{dQ}{dt} = cm \frac{d(\Delta\vartheta)}{dt} . \quad (2)$$

P_{wz} *zugeführte Wärmeleistung*.

Leistung und Wärmestrom

Bei der elektrischen Heizung wird meist eine konstante elektrische Leistung P_{el} in eine Wärmeleistung P_{wz} umgewandelt und als P_w vollständig gespeichert. Berücksichtigt man die dabei auftretenden Verluste im Wirkungsgrad η_1, so gilt:

$$P_{wz} = P_w = \eta_1 P_{el.} = \mathrm{d}Q/\mathrm{d}t \ .$$

Die zugeführte Wärmeleistung entspricht einem *Wärmestrom*. Ist er konstant, so steigt die Temperatur linear mit der Zeit an. Nach Gleichung (2) kann mit

$$P_{wz}\, \Delta t = c\ m\ \Delta \vartheta$$

die Zeit Δt, die für eine Temperaturerhöhung $\Delta \vartheta$ benötigt wird, errechnet werden.

Wärmeableitung zur Umgebung

Praktisch gibt es keine vollständige thermische Isolation. Mit dem Anstieg der Temperatur des zu erwärmenden Objektes fließt ein der Temperaturerhöhung $\Delta \vartheta$ proportionaler Wärmestrom P_{wa} nach Gleichung (3) an die Umgebung ab. Der Proportionalitätsfaktor heißt *Wärmewiderstand R_{th}* und ist umso höher, je besser die Wärmeisolation ist.

Wärmeableitung an die Umgebung:

$$P_{wa} = \frac{\Delta \vartheta}{R_{th}}, \qquad (3)$$

Endwert der Temperaturerhöhung:

$P_{wz} = P_{wa}$: $\Delta \vartheta_e = P_{wz} R_{th} = \eta_1 P_{el} R_{th}$.

P_{wa} *an die Umgebung abgeführte Leistung*,

R_{th} *Wärmewiderstand*.

Der Endwert der Temperaturerhöhung $\Delta \vartheta_e$ wird erreicht, wenn die zugeführte und die abgeführte Wärmeleistung gleich sind.

Die Wärmeabgabe an die Umgebung kann durch *Wärmeleitung* durch einen Körper hindurch mit der Länge l und der Querschnittsfläche A und mit der materialabhängigen *Wärmedurchgangszahl* λ erfolgen. Unter *Konvektion* versteht man Wärmeaustausch über die Oberfläche eines Körpers, der von Luft oder Wasser umströmt wird, mit der *Wärmeübergangszahl* α_k. Wärmeabgabe durch Strahlung bleibt hier unberücksichtigt. Aus diesen Bedingungen werden unterschiedliche Wärmewiderstände entsprechend Bild 1.29 wirksam.

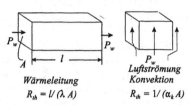

Wärmeleitung   Konvektion
$R_{th} = l/(\lambda\,A)$ $R_{th} = 1/(\alpha_k\,A)$

Bild 1.29 Wärmewiderstand R_{th} durch Wärmeleitung und Konvektion

Nach dem Energiesatz muß die zugeführte Energie gleich der im Körper gespeicherten Wärme plus der an die Umgebung abgegebenen Energie sein. Dieses Gleichgewicht gilt auch für die Leistungen bzw. für den Wärmestrom zu jedem Zeitpunkt der Erwärmung. Der Energiesatz führt auf die Differentialgleichung(4) mit der Lösung (5):

$$\eta_1 P_{el.} = P_w + P_{wa} = c m \frac{\mathrm{d}(\Delta \vartheta)}{\mathrm{d}t} + \frac{\Delta \vartheta}{R_{th}} \ (4)$$

$$\Delta \vartheta(t) = \Delta \vartheta_e \left(1 - e^{-t/\tau}\right) \qquad (5)$$

$$\tau = C_w R_{th} = c m R_{th} \ \ \textit{Zeitkonstante}. (6)$$

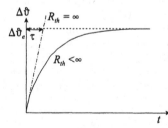

Bild 1.30 Erwärmung mit gleichzeitiger Wärmeleitung an die Umgebung

Die Temperatur erhöht sich nach der Exponentialfunktion der Gleichung (5) als Lösung der Differentialgleichung (4). Die Zeitfunktion ist in Bild 1.30 dargestellt. Der Anstieg der Tangente für $t = 0$ und $\Delta \vartheta = 0$ ist proportional der zugeführten Leistung $\mathrm{d}(\Delta \vartheta)/\mathrm{d}t = P_{wz}/(c\ m)$.

Eine *elektrische Analogie* zur Erwärmung unter Berücksichtigung des Wärmewiderstandes zur Umgebung ist die *Aufladung eines Kondensators* über einen Widerstand. Die analoge Größe zur elektrischen Spannung ist die Temperatur, der Strom entspricht dem Wärmestrom bzw. der Leistung. Wärmewiderstand R_{th} und Wärmekapazität $C_w = c\,m$ vervollständigen die Analogie. Die *Zeitkonstante* $\tau = C_w\,R_{th}$, ein Maß für die Geschwindigkeit des Ausgleichvorgangs, ist proportional der Masse und dem Wärmewiderstand.

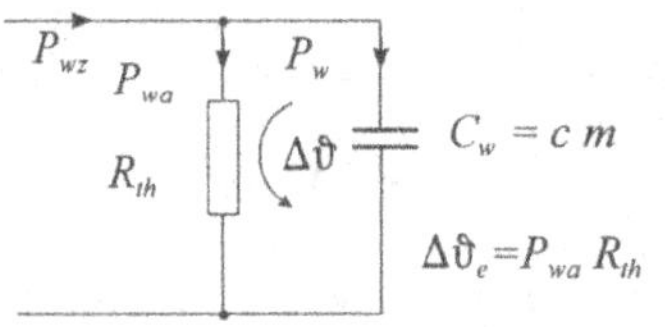

$$P_{wz} \quad P_{wa} \quad P_w$$
$$R_{th} \quad \Delta\vartheta \quad C_w = c\,m$$
$$\Delta\vartheta_e = P_{wa}\,R_{th}$$

Bild 1.31 Elektrische Analogie zur Erwärmung: Kondensatoraufladung

Beispiel:
Ein würfelförmiges Gefäß mit 1 Liter Wasser soll durch einen zugeführten Wärmestrom von $P_{wz} = 100$ W erwärmt werden. Die Wärmeableitung zur Umgebung erfolgt durch Konvektion mit einer Wärmeübergangszahl $\alpha_k = 10$ W /(Km^2). Zu bestimmen sind der Endwert der Temperaturerhöhung $\Delta\vartheta_e$, der Wärmewiderstand R_{th} und die *Zeitkonstante* τ der Erwärmung sowie die Zeit, die benötigt wird, bis bei einer Anfangstemperatur von $\vartheta_1 = 20$ °C die Endtemperatur ϑ_2 von 100°C erreicht wird.

Lösung:
Zu erwärmende Masse: $\quad m = 1$ kg,
Kantenlänge des Würfels: $a = 0,1$ m,
Oberfläche des Würfels: $A_O = 0,06$ m^2
Wärmewiderstand:
$R_{th} = 1/(A\,\alpha_k) = 1,67$ K/W,
Wärmekapazität: $C_w = 1,163$ Wh/K,
Zeitkonstante:
$\tau = R_{th}C_w = 1,67 \cdot 1,163\ h = 1,94\ h$.
Endwert der Temperaturerhöhung:
$\Delta\vartheta_e = 167$ K.
Aus der Formel (4) wird mit $\Delta\vartheta = \vartheta_1-\vartheta_2 = 80$ K die folgende Zeit ermittelt:

$$t = -\,\tau\,\ln\!\left(1 - \frac{\Delta\vartheta}{\Delta\vartheta_e}\right) = 1{,}265\,h$$

1.7.3 Wandlung elektrischer Energie in chemische Energie

Elektrolyse
Bei einigen Stoffen können der Atomhülle ein oder mehrere Elektronen entzogen oder hinzugefügt werden. Es entstehen die positiv geladenen Kationen oder die negativ geladenen Anionen. Wasserstoff und Metalle bilden Kationen, z.B.: $H+$, $Cu++$, Nichtmetalle und Säurereste bilden Anionen, z.B.: $Cl-$, SO_4--.

Eine elektrisch neutrale Verbindung wird in Wasser durch Dissoziation in Ionen aufgespaltet. Dadurch wird eine bipolare Stromleitung möglich.

Das Bild 1.32 zeigt schematisch die Herstellung von Reinstkupfer durch Elektrolyse. Eine Kupferplatte als Anode befindet sich in einer Kupfersulfatlösung. An einer zweiten, als Katode geschalteten Kupferplatte wird Reinstkupfer abgeschieden.

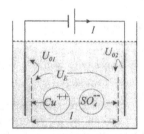

Bild 1.32 Elektrolyse zur Herstellung von Reinstkupfer

Der Elektrolyt stellt außerhalb der Elektrodengebiete im Bereich der Länge l einen Widerstand dar. Für die Elektrolytstrecke gilt:

Widerstand: $\quad \dfrac{U_E}{I} = R_E = \rho_E\,\dfrac{l}{A}$,

ρ_E *spezifischer Widerstand der Flüssigkeit.*

Temperaturkoeffizient: $\alpha_E = -2\% \cdot 1/K$.

Leistung, die in Wärme umgesetzt wird:

$$P_E = U_E I = I^2 R_E.$$

Unmittelbar an den Elektroden bilden sich die Kontaktspannungen U_{01} und U_{02} aus. In diesen Spannungsquellen fließt der Strom von Plus nach Minus, d.h. *entgegen* der in einer Spannungsquelle typischen Stromrichtung. Die Quellen werden daher als Verbraucher betrieben. Sie verbrauchen elektrische Leistung. Hier wird elektrische Energie in chemische Energie umgewandelt. Eine Erklärung dafür ist die elektrochemische Polarisation.

Polarisation: Die Ionen *unedler Metalle,* z.B. Zinkionen, haben das Bestreben, in Lösung zu gehen. Dabei laden sie die Elektrode negativ auf, denn die zugehörigen Elektronen bleiben zurück. Man spricht von *Lösungsdruck.*

Bei *edlen Metallen,* z. B. bei Cu, ist dagegen das Bestreben vorhanden, aus einer bestehenden Lösung heraus sich auf der Elektrode abzusetzen und diese positiv aufzuladen. Man spricht von *osmotischem Druck.*

Nach einer gewissen Zeit stellt sich ein Kräftegleichgewicht zwischen den Ladungen ein. An der Trennschicht zwischen Elektrode und Lösung bildet sich an jeder Elektrode eine *Kontaktspannung* aus.

An jeder Trennfläche zwischen Elektrode mit dem Index k= 1,2 und Elektrolyt entsteht eine Kontakt-Urspannung U_{0k}. Die Summe beider Kontaktspannungen heißt Polarisationsspannung U_{0P}.

Ordnet man die Metalle nach der Größe dieser Spannung gegenüber einer neutralen Wasserstoffelektrode, so erhält man die *elektrochemische Spannungsreihe.*

Die Kontaktspannungen wirken an jeder Elektrode als Gegenspannung und widersetzen sich der elektrolytischen Leitung.

Sie müssen als Schwellspannungen überwunden werden, damit ein Strom fließt. Die gesamte Polarisationsspannung ist dann:

$$U_{0P} = U_{01} + U_{02}.$$

Metall	Volt	Metall	Volt
Li	-3,02	Pb	-0,13
K	-2,92	H	0
Zn	-0,76	Sb	+0,3
Fe	-0,44	Cu	+0,345
Ni	-0,25	Ag	+0,81

Die Polarisationsspannungsquelle, die im Gegenstrom betrieben wird, ist die Umwandlungsstelle elektrischer Energie in chemische Energie: $\Delta W_{ch} = U_{0P} I \Delta t$

Zusätzlich erwärmt sich der Elektrolyt durch seinen Widerstand und setzt die Verlustenergie $\Delta W_E = I^2 R_E \Delta t$ um.

Im Bild 1.33 sind die Ersatzschaltung und die Strom-Spannungskennlinie einer Elektrolytstrecke dargestellt.

Bei der Herstellung von Reinstkupfer nach Bild 1.33 ist im stromlosen Zustand die Kontaktspannung an jeder Elektrode entgegengesetzt gleichgroß und kompensiert sich. Sobald aber ein Strom geflossen ist, ist auch ein Konzentrationsgefälle und damit eine resultierende Polarisationsspannung entstanden.

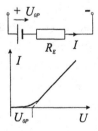

Bild 1.33 Ersatzschaltung, Elektrolyt

Stoffabscheidung

Ionen geben Ladungen auf den Elektroden ab. Der stoffliche Teil bleibt zurück:

a) als Überzug,

b) als Gas, z.B. Wasserstoff (H_2).

Häufig finden chemische Reaktionen mit den Elektroden statt.

Die transportierte Ladung Q ist der Anzahl N der Ionen und der Wertigkeit z des Ions proportional. Die transportierte Masse berechnet sich aus der *relativen Molekülmasse* M_r und der atomaren Masseeinheit m_u, die 1/12 der Masse eines Kohlenstoffatoms entspricht. Verknüpft man beide Gleichungen, so erhält man das Faradaysche Abscheidungsgesetz.

$Q = N z e$ (1), $m = N M_r m_u$ (2).

Faradaysches Abscheidungsgesetz:

$$m = \frac{1}{F}\frac{M_r}{z}Q; \quad F = \frac{e}{m_u} = 96500\frac{C}{g}.$$

F Faradaykonstante.

Beispiel:

Welche Menge Silber wird durch Elektrolyse aus einer wäßrigen Silbernitratlösung innerhalb einer Stunde ausgeschieden, wenn der konstante Strom von 1 A fließt? Silber hat $M_r = 107,9$ und $z = 1$.

$$m = \frac{Q}{F}\frac{M_r}{z}$$

$$m = \frac{3600\,As}{96500(As/g)}\frac{107,9}{2} = 4,025\,g.$$

1.7.4 Elektrochemische Spannungsquellen

Folgende Bezeichnungen sind üblich:

Zelle: Elektroden und Elektrolyt,

Element: Zelle und Gefäß,

Batterie: Mehrere Zellen.

An der Trennstelle von Metall und Elektrolyt tritt infolge Lösungsdruck und osmotischem Druck die bereits beschriebene Ladungstrennung auf, die eine Polarisationsspannung bewirkt. Bei offenem äußeren Stromkreis zwischen den Elektroden tritt der Gleichgewichtszustand ein. Fließt ein Strom zwischen den Elektroden, so findet ein Ladungsaustausch statt, und dem Element kann elektrische Energie entnommen werden. Der Gleichgewichtszustand wird durch die ständig abfließenden Ladungen gestört.

Dies wird am Beispiel des *Daniell-Elementes* gezeigt:

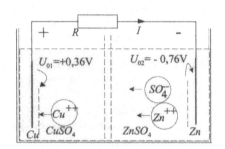

Bild 1.34 Daniell-Element

Aufbau

Eine Zinkelektrode und eine Kupferelektrode befinden sich in getrennten Kammern. Eine halbdurchlässige Wand ermöglicht einen Ionenaustausch. Die Kammern enthalten jeweils die der Elektrode entsprechende wäßrige Sulfatlösung.

Wirkungsweise

Bei der unedlen Zinkelektrode, der Katode, gehen Zinkionen infolge ihres Lösungsdruckes in die Lösung und hinterlassen eine negative Ladung. Der Elektrolyt ist in der Nähe der Elektrode positiv aufgeladen, wodurch die Sulfationen angezogen werden.

Die Kupferionen schlagen sich infolge ihres osmotischen Druckes an der Kupferelektrode, der Anode, nieder und laden diese positiv auf.

Katode: $Zn \rightarrow Zn{+}{+} + 2e$

Anode: $CuSO_4 \rightarrow Cu + SO_4^{--} - 2e$

An die Katode werden zwei negative Elementarladungen abgegeben, der Anode werden sie entzogen. Wird der Stromkreis über einen Widerstand geschlossen, so findet ein Ladungsaustausch statt. Dieser Vorgang kommt nicht zur Ruhe. In der rechten Kammer erhöht sich die Konzentration ständig, in der linken Kammer erniedrigt sie sich.

Der Vorgang ist umkehrbar. Durch Anlegen einer äußeren Spannung verläuft er in entgegengesetzter Richtung. Das Element ist wieder aufladbar, man spricht von einem Sekundärelement.

Eine weitere wichtige Form ist das *Trockenelement nach Leclanché*. Es besteht aus einer als Mantel ausgebildeten negativen Zinkelektrode und einem mit Mangandioxid ummantelten Kohlestab als positive Elektrode. Der Elektrolyt besteht aus Salmiakpaste mit der chemischen Formel NH_4Cl. Das Mangandioxid dient als Depolarisator und bindet den an der Anode entstehenden Wasserstoff zu Wasser.

Unter den Sekundärelementen haben sich die *Bleiakkumulatoren* nach Bild 1.35 besonders bewährt.

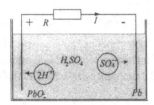

Bild 1.35 Bleiakkumulator, Entladungsvorgang

Die folgenden chemischen Reaktionen finden statt:

*Entladun*g, Katode:

$Pb + SO_4^{--} \rightarrow PbSO_4 + 2e$

Anode:

$PbO_2 + 2H^+ + H_2 SO_4 \rightarrow PbSO_4 + 2H_2O - 2e$

Aufladung, Katode:

$PbSO_4 + 2H^+ \rightarrow Pb + H_2SO_4 - 2e$

Anode:

$PbSO_4 + SO_4^{--} + 2H_2O \rightarrow PbO_2 + 2H_2SO_4 + 2e$

Die durch die Aufladung veränderten Elektroden bewirken eine Polarisationsspannung. Gespeicherte chemische Energie kann in elektrische Energie zurückgewandelt werden. Die Quellenspannung beträgt 2,5V.

Brennstoffelement

In einem herkömmlichen Kraftwerk werden fossile Energieträger verbrannt. Die Wärme wird in Dampf- oder Gasturbinen in mechanische Energie und anschließend in Generatoren in elektrische Energie gewandelt. In einer Brennstoffzelle dagegen wird Wasserstoffgas direkt oxidiert und dabei elektrische Energie erzeugt.

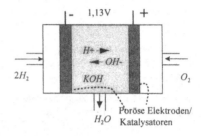

Bild 1.36 Brennstoffzelle

Das Brennstoffelement beruht auf einer *dosierten kalten Verbrennung* von Wasserstoff mit Sauerstoff zu Wasser. Es wird auch Hydroxzelle oder Knallgaszelle genannt. Die erste Knallgaszelle wurde von dem englischen Naturwissenschaftler *Sir William Grove* im Jahre 1830 entwickelt. Die hier vorgestellte *Alkali-Brennstoffzelle* gehört zu den Mitteltemperatur-Brennstoffzellen und arbeitet bei maximal 200°C. Sie hat einen Wirkungsgrad von 52 %.

Die Reaktionskomponenten werden getrennt und kontinuierlich zugeführt. Die folgenden chemischen Reaktionen laufen an den Elektroden ab:

Anode: $O_2 + 2H_2O \rightarrow 4 (OH)^- - 4e$

Katode: $2H_2 + 4 (OH)^- \rightarrow 4H_2O + 4e$

Die porösen Elektroden wirken zugleich als Katalysatoren.

1.7.5 Wandlung von elektrischer Energie in Lichtenergie

Die elektrische Beleuchtung durch Glühlampen ist die historisch bedeutendste Anwendung der Elektrotechnik, die die Entwicklung von elektrischen Versorgungsnetzen wesentlich vorangetrieben hat.

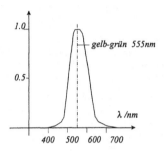

Bild 1.37 Hellempfindlichkeitsgrad des menschlichen Auges als Funktion der Wellenlänge

Licht besteht aus elektromagnetischen Wellen, die vom menschlichen Auge wahrgenommen werden. Die Intensität der Strahlung bewertet das Auge als Helligkeit und die Frequenz als Farbe. Das Helligkeitsempfinden ist stark von der Frequenz abhängig. Das Bild 1.37 zeigt den spektralen Helligkeits-Empfindlichkeitsgrad des Auges als Funktion der Wellenlänge.

Zur quantitativen Erfassung ist die Einführung von *lichttechnischen Größen* erforderlich.

Der *Lichtstrom* Φ ist die vom Auge bewertete Strahlungsleistung, die ein Lichtsender abgibt. Sie hat die *Einheit*:

1 Lumen = 1 lm,   1 lm = 1/682 W
bei λ = 555 nm (Gelb-Grün-Strahler).

Die Leistung 1 W entspricht dem Lichtstrom von 682 lm bei der genannten gelb-grünen Strahlung. Bei weißem Licht entspricht 1 W nur einem Lichtstrom von 250 lm.

Die *Lichtausbeute* $a = \Phi/P$ als Verhältnis von Lichtstrom zu elektrischer Leistung mit der *Einheit* lm/W ist ein Maß für die Ökonomie der Lichtquelle.

Die *Lichtstärke* $I = \Phi/\Omega$ ist der Quotient aus Lichtstrom und Raumwinkel. Die *Einheit* 1 Candela = 1 cd = 1 lm /sr ist eine SI-Basiseinheit und wird über die Temperatur eines schwarzen Strahlers definiert.

Unter einem *Raumwinkel* $\Omega = A/r^2$ versteht man eine Teilfläche A einer Kugeloberfläche, dividiert mit dem Quadrat der Entfernung r von der Lichtquelle (Radius). Der Raumwinkel ist dimensionslos, die *Pseudoeinheit* heißt 1 Steradiant = 1 sr und entspricht einer Fläche A = 1 m² bei einer Entfernung von r = 1 m.

Die *Beleuchtungsstärke* $E = \Phi/A = I / r^2$ als Lichtstrom pro Fläche entspricht dem auf einen Flächenteil senkrecht auffallenden Lichtstrom.
Die *Einheit* heißt 1 Lux = 1 lx = 1 lm/m².

Diese Größe wird vorzugsweise gemessen und zur Beurteilung der Helligkeit an einem Arbeitsplatz herangezogen.

Zu den *Lichtgrößen* gibt es entsprechende analoge *Strahlungsgrößen*, denen die Leistung zugrunde liegt. Die Einheit Lumen wird durch die Leistungseinheit Watt ersetzt.

Die *äquivalenten Leistungsgrößen* sind:

○ statt Lichtstrom der *Strahlungsfluß* Φ_e ,
○ statt Lichtstärke die *Strahlungsstärke* I_e ,
○ statt Beleuchtungsstärke die *Bestrahlungsstärke* E_e .

Für die Praxis aussagefähige Meßwerte erhält man durch Messung der Beleuchtungsstärke (vom Auge bewertet) und der Bestrahlungsstärke als Leistungsgröße.

Elektrische Lichtquellen

Man unterscheidet *Temperaturstrahler* und *Gasentladungsstrahler*.

Durch elektrische Erhitzung der *Heizwendel* einer *Glühlampe* wird Wärme und mit wachsender Temperatur auch Licht ausgestrahlt. Die Gesamtstrahlung ist proportional der 4. Potenz der Temperatur. Bei der Temperatur eines Wolframdrahtes von 2500°C entfällt ungefähr 8 bis 10% der Strahlung auf sichtbares Licht. Daher ist die Lichtausbeute bei Glühlampen mit a = 15 lm/W niedrig.

Eine Gasentladung findet in einer Gasstrecke zwischen zwei spannungsführenden Elektroden im starken elektrischen Feld statt. Durch Stoßionisation werden Elektronen aus den Gasmolekülen geschlagen, die selbst im Feld beschleunigt werden und erneut Stoßionisation veranlassen. Die *Leuchtstoffröhre* enthält Quecksilberdampf mit Argonbeimischung bei niedrigem Druck. Ein großer Teil der Strahlungsenergie tritt im ultravioletten Teil des Spektrums auf. Die Strahlung wird durch die mit Leuchtstoffen (Luminophoren) beschichtete Innenwand der Röhre in sichtbares Licht transformiert. Die Lichtausbeute ist mit a = 50 ... 70 lm/W 3 bis 4 mal so hoch wie bei Glühlampen.

1.7.6 Solarzelle, Wirkungsweise

Optoelektronische Bauelemente

Optoelektronische Bauelemente auf Halbleiterbasis haben sowohl für die Meßtechnik als auch für die optische Nachrichtentechnik große Bedeutung erlangt. Man unterscheidet zwischen *Photodetektoren* und *Photoemittern*.

Photoemitter, z.B. *Lumineszenzdioden*, wandeln elektrische Leistung in Licht infolge des Auftretens von spontaner Rekombinationsstrahlung.

Die *Photodiode* zählt zu den Photodetektoren, bei denen durch Bestrahlung mit Licht Ladungsträger als Elektronen-Loch-Paare generiert werden, die zur Stromleitung beitragen. Der Sperrstrom wird stark erhöht. Man spricht vom *"Inneren lichtelektrischen Effekt"* im Gegensatz zum "Äußeren lichtelektrischen Effekt", bei dem Elektronen durch die Wirkung von Photonen aus Metallen herausgeschlagen werden und das Material verlassen.

Das Bild 1.38 zeigt die *I-U-Kennlinien* einer Photodiode bei unterschiedlicher Bestrahlung. Im 4.Quadranten wirkt die Photodiode als *Photoelement*, d.h. sie wirkt bei Lichteinstrahlung als Spannungsquelle. Lichteinstrahlung führt proportional zur Beleuchtungsstärke E_e zu einer Parallelverschiebung der Kennlinie durch den Photostrom.

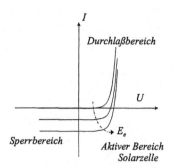

Bild 1.38 Kennlinien einer Photodiode bei unterschiedlicher Bestrahlungsstärke E_e

Solarzelle

Die *Solarzelle* stellt einen großflächigen *pn-Übergang* dar. In gleicher Weise wie bei der Photodiode erfolgt die Umwandlung von Lichtenergie in elektrische Energie durch Erzeugung von *Elektronen-Loch-Paaren* durch Licht.

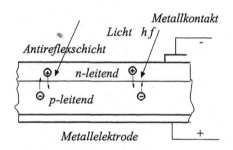

Bild 1.39 Aufbau einer Solarzelle

Infolge der Diffusionsspannung am pn-Übergang bewegen sich die positiven Ladungsträger, die auch als *Defektelektronen* oder *Löcher* bezeichnet werden, in das p-Gebiet und die negativen Ladungsträger, die Elektronen, in das n-Gebiet. Im Inneren der Quelle erfolgt die *Ladungsträgerbewegung* also infolge Energiezufuhr *entgegen dem äußeren elektrischen Feld*. Damit ist für die Solarzelle die kennzeichnende Eigenschaft einer Strom- oder Spannungsquelle gegeben. Zum tieferen Verständnis muß der pn-Übergang bei Halbleitern betrachtet werden.

pn-Übergang
Das Bild 1.40 zeigt den stromlosen
pn-Übergang.

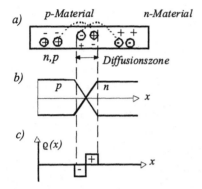

Bild 1.40 pn-Übergang a) Entstehung der Diffusionszone b) Trägerdichte der Löcher und der Elektronen c) Raumladungszone

Das p-Gebiet verfügt über bewegliche positive Ladungsträger oder Löcher, das n-Gebiet hat bewegliche Elektronen. Die Gebiete selbst sind neutral, sie haben gleichviele ortsfeste wie bewegliche Ladungsträger. In der Diffusionszone nimmt in x-Richtung die Zahl der Löcher ab und die Zahl der Elektronen zu. Gelangt ein Loch durch Wärme-Driftbewegung in das n-Gebiet, so hinterläßt es eine ortsfeste negative Ladung. Analoge Bedingungen gelten für die Elektronen des n-Gebietes. Damit wird das Ladungsgleichgewicht gestört. Es entsteht eine Raumladungsdichte $\rho(x)$, vereinfacht in c) dargestellt, verbunden mit einem Potentialsprung und einem elektrischen Feld.

Kennlinie der Solarzelle
Die durch den lichtelektrischen Effekt erzeugten positivenTräger wandern unter Einwirkung dieses Feldes zum p-Gebiet und die Elektronen zum n-Gebiet.

Die Diodenkennlinie enthält eine Exponentialfunktion, formuliert in der folgenden Formelübersicht.

Kennlinie einer Diode: $I = I_S \left(e^{\frac{U}{U_T}} - 1 \right)$,

Kennlinie einer Solarzelle:

$$I = I_S \left(e^{\frac{U}{U_T}} - 1 \right) - I_k \, ; \; U = 0 : I = I_k \, ;$$

für $I = 0$ gilt: $\dfrac{I_k}{I_s} = \left(e^{\frac{U_{0e}}{U_T}} - 1 \right)$.

I_S Sperrsättigungsstrom,

U_{0e} Leerlaufspannung, I_k Kurzschlußstrom,

U_T Temperaturspannung: $U_T = \dfrac{kT}{e}$,

$U_T = 0{,}02586\,\text{V}$ *bei* 300K.

k Boltzmannkonstante, T thermodynamische Temperatur, e Elementarladung.

Der Sperrsättigungsstrom I_s stellt sich bei sehr großen Sperrspannungen ein, wenn die Exponentialfunktion mit großem negativen Exponenten sehr klein wird. Die Temperaturspannung U_T hängt nur von der absoluten Temperatur ab, die mit dem Quotient aus Boltzmannkonstante k und Elementarladung e multipliziert wird. Sie tritt in der Halbleitertechnik häufig auf.

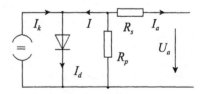

Bild 1.41 Ersatzschaltbild einer Solarzelle

Das Ersatzschaltbild Bild 1.41 enthält eine Diode und eine Stromquelle. Der Photostrom I_k ist hier mit dem Symbol einer Stromquelle dargestellt. I_k ist ein konstanter, nur von der Bestrahlungsstärke E abhängiger Strom, der auch bei Kurzschluß der Diode den gleichen Wert beibehält. Er ist daher zugleich der *Kurzschlußstrom* mit dem Index k der Schaltung .

Der Knotensatz führt auf die 2. Gleichung
in der Formeltafel.

Unterschiedliche Bestrahlungsstärken führen zu unterschiedlichen Kurzschlußströ-
men. Das Kennlinienfeld einer Solarzelle
zeigt Bild 1.42. Vergleicht man mit den
Kennlinien einer Photodiode in Bild 1.38,
so ist die Richtung der I-Achse umgekehrt.
Ein negativer Strom der Photodiode entspricht einem Quellstrom der Solarzelle.

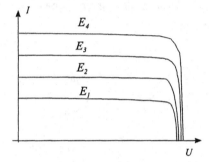

Bild 1.42 Strom-Spannungs-Kennlinienfeld
einer Solarzelle bei unterschiedlicher Bestrahlungsstärke E_i

2 Elektrisches Feld

2.1 Flächenförmige und räumliche Leiter

Während bisher linienförmige Leiter betrachtet wurden, werden jetzt flächenförmige und räumliche Leiter untersucht.

Man spricht von einem *Feld*, wenn physikalische Größen im Raum verteilt sind.

Ein *skalares Feld* beschreibt die Verteilung ungerichteter skalarer Größen in einem Raum oder in einer Ebene. Die Temperatur als Funktion der Raumkoordinaten x,y,z entspricht einem dreidimensionalen Feld. Die Höhewerte über der Fläche eines geographischen Gebietes können in einer Landkarte angegeben werden. Linien gleicher Höhe werden zu Höhenlinien verbunden. Hier liegt ein zweidimensionales skalares Feld vor. Die räumliche Verteilung der Spannung, das noch zu betrachtende Potentialfeld, ist ebenfalls ein skalares Feld. Die Darstellung von ebenen oder zweidimensionalen Feldern erfolgt durch Linien, die Punkte verbinden, die die gleiche Feldgröße aufweisen (Isothermen, Äquipotentiallinien). Bei räumlichen oder dreidimensionalen Feldern bilden die Punkte gleicher Feldgröße Niveauflächen. Im Feld des elektrischen Potentials heißen sie Äquipotentialflächen.

Ein *Vektorfeld* ist beispielsweise das Geschwindigkeitsfeld in einer Strömung oder das Feld der mechanischen Spannungen in einem belasteten Werkstück. Ein solches Feld ist wesentlich komplizierter zu beschreiben. Neben dem *Betrag oder Wert* muß noch die *Richtung* der Feldgröße durch einen Einheitsvektor in jedem Feldpunkt angegeben werden.

Die Darstellung eines ebenen Vektorfeldes erfolgt durch Feldlinien, deren Dichte der Stärke des Feldes entspricht. Die *Richtung der Tangente* an eine Feldlinie entspricht der Richtung der Feldgröße in dem Feldpunkt.

2.1.1 Strömungsfeld

Das Bild 2.1 zeigt das Strömungsfeld in einem flächenhaften Leiter, bei dem der Strom von der Pluselektrode zur Minuselektrode fließt. Gestrichelt dargestellt sind die Stromlinien. Sie entsprechen den Bahnen von Ladungsträgern, die bestrebt sind, den kürzesten Weg zu wählen, sich aber infolge der abstoßenden Kräfte auf der Ebene ausbreiten.

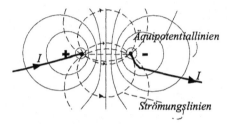

Bild 2.1 Strömungsfeldbild eines flächenförmigen Leiters mit zwei entgegengesetzten Elektroden

Die Strömungslinien werden so ausgewählt, daß in jeder durch zwei Stromlinien begrenzten Stromröhre der gleiche Teilstrom fließt. Innerhalb einer solchen Stromröhre können keine Stromlinien neu entstehen oder verschwinden.

Als physikalische Größe zur Beschreibung des Strömungsfeldes eignet sich die *Stromdichte S*. Sie wurde bereits definiert als Differentialquotient des Stromes nach der Fläche A. Dabei ist das Flächenelement dA senkrecht oder "normal" zum Strom anzuordnen und erhält den Index N.

$$S = \frac{dI}{dA_N}, \quad \vec{S} = \frac{dI}{d\vec{A}_N}$$

Bei der vektoriellen Schreibweise wird das Flächenelement im Nenner als Vektor aufgefaßt. Er zeigt in die Richtung der Flächennormalen. Diese Richtung stimmt unter den beschriebenen Voraussetzungen mit der Richtung der Stromdichte überein. Sein Betrag dA_N ist gleich dem Flächeninhalt.

Die Übereinstimmung der Richtung der Stromdichte S mit der Richtung von dA_N drückt auch die linke vektorielle Form der Gleichung für die Stromdichte aus, weil durch Kehrwertbildung die Richtung eines Vektors beibehalten wird.

Den Strom erhält man durch Integration:

$$I = \int S \, dA_N = \int \vec{S} \, \vec{dA} = \int S \cos\alpha \, dA.$$

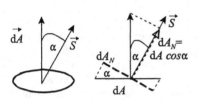

Bild 2.2 Stromdichte als Vektor

Dabei stehen in Bild 2.2 die Stromdichte und die Flächennormale des Flächenelementes dA im Allgemeinfall im Winkel α zueinander. Das Skalarprodukt zweier Vektoren ist eine skalare Größe. Sie besteht aus dem Produkt der beiden Beträge multipliziert mit $\cos\alpha$. Dabei ist $dA \cos\alpha = dA_N$ die Projektion des Vektors dA auf den Vektor S. Der Strom durch eine definierte Fläche A in einem Feld wird somit als Integral des Skalarprodukts aus dem Stromdichtevektor und dem differentiellen Flächenvektor aufgefaßt.

Integriert man über eine geschlossene Fläche, so spricht man von einem *Hüllenintegral*, gekennzeichnet durch einen Ring im Integralzeichen. Analog zum *Knotensatz* bei linienhaften Leitern wird das Hüllenintegral der Stromdichte über eine geschlossene Fläche gleich Null. Die Summe aller in die Hülle hineinfließenden Ströme ist gleich der Summe der aus ihr herausfließenden Ströme.

$$\oint \vec{S} \, \vec{dA} = 0$$

Lineare Leiter haben ein homogenes Strömungsfeld. Die sich bewegenden Ladungsträger sind über den Leiterquerschnitt gleichmäßig verteilt. Die Stromlinien verlaufen parallel zum Leiterrand.

Das Bild 2.3 stellt ein zylindrisches Stück Halbleitermaterial dar, das sowohl Elektronen als auch positive Ladungsträger enthält.

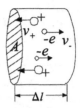

Bild 2.3 Stromdichte, Ladungsträgerkonzentration und Geschwindigkeit

Bei einem metallischen Leiter fehlen die positiven Ladungsträger. Die Stromdichte kann aus der Anzahl N und der Geschwindigkeit v der Elektronen e berechnet werden. Das Volumenelement ΔV des zylindrischen Leiterstückes mit der Länge Δl und der Querschnittsfläche A hat die Ladungsträgerdichte oder Konzentration $c = N/\Delta V$. Die Elektronen bewegen sich mit der Driftgeschwindigkeit $v = \Delta l/\Delta t$. In diesem Fall wird die Stromdichte S wie folgt hergeleitet:

$$S = \frac{I}{A} = \frac{\Delta Q}{A \Delta t} = \frac{\Delta Q \Delta l}{A \Delta t \Delta l} = \frac{\Delta Q}{\Delta V} v,$$

$$\Delta Q = -ce\Delta lA = -ec\Delta V,$$

$$S = -ecv.$$

Ergänzt man die Gleichung durch die Vektorzeichen über S und v, so wird klar, daß die Stromdichte entgegen der Geschwindigkeit der negativen Ladungsträger gerichtet ist.

Im Halbleiter und im Elektrolyten sind positive und negative Ladungsträger mit unterschiedlichen Konzentrationen c_+ und c_- vorhanden, die sich mit unterschiedlichen Geschwindigkeiten v_+ und v_- bewegen. Hier lautet die Gleichung für die Stromdichte:

$$S = e \, (c_+ \, v_+ - c_- \, v_-).$$

2.1.2 Potential- und Feldstärkefeld

Mit Potential bezeichnet man die Spannung zu einem willkürlich gewählten Bezugspunkt, dessen Potential mit Null angenommen wird. Jeder Punkt eines Strömungsfeldes hat auch ein Potential.

> *Die Spannung zwischen zwei Punkten ist die Differenz ihrer Potentiale:*
> $$U = \varphi_1 - \varphi_2 .$$

Wenn man im *ebenen Strömungsfeld* des Bildes 2.1 die Punkte mit gleichem Potential zu den sogenannten Äquipotentiallinien verbindet, erhält man Kreise (Apollonische Kreise) um die Elektroden herum mit verschobenem Mittelpunkt, die genau in der Mitte zwischen beiden Elektroden zu einer Linie entarten. Wählt man bei einer Spannung U zwischen den Elektroden die rechte negative Elektrode als Bezugspunkt mit dem Potential Null, so ist das Potential der Mittellinie $\varphi = +U/2$. Jeweils zwischen zwei Äquipotentiallinien wird die gleiche Potentialdifferenz $\Delta\varphi$ angenommen.

Dem vektoriellen Strömungsfeld ist ein Skalarfeld, das Potentialfeld, zugeordnet, wie Bild 2.1 beispielhaft zeigt. Für die Feldlinien beider Felder gilt die folgende Aussage:

> *Äquipotentiallinien und Strömungslinien stehen immer senkrecht aufeinander.*

Die Äquipotentiallinien der ebenen Felder werden zu Äquipotentialflächen in räumlichen Feldern.

Elektrische Feldstärke

Bringt man in das elektrische Feld eine positive Ladung q, die so klein ist, daß sie das Feld selbst nicht stört, so wirkt eine Kraft

$$\vec{F} = q\vec{E}$$

auf sie. Hierin ist E die *elektrische Feldstärke*. Diese Kraft und damit auch die Feldstärke E weisen in Richtung des größten Potentialgefälles, also senkrecht zu den Äquipotentiallinien. Die Richtung stimmt

mit der Bewegungsrichtung der positiven Ladungen überein. Die Kraftrichtung ist somit auch der Richtung der Stromdichte S gleich, die ja in Richtung der strömenden Ladungsträger weist.

Die Spannung wirkt als Potentialdifferenz $d\varphi$ zwischen zwei dicht benachbarten Punkten entlang eines Wegelementes ds und ist von den Koordinaten des Ortes abhängig.

Die elektrische Feldstärke wird genauer als Vektor definiert, der wie die Kraft in Richtung des größten Potentialgefälles zeigt und den Differentialquotienten des Potentials nach dem Weg darstellt. Zur Kennzeichnung der Richtung des größten Potentialanstieges wird das Wegelement ds_N mit dem Index N bezeichnet. Die Gleichung muß dann ein Minuszeichen zur Richtungsumkehr enthalten.

> *Elektrische Feldstärke*
> $$E = -\frac{d\varphi}{ds_N}, \quad \vec{E} = -\frac{d\varphi}{\vec{ds_N}};$$
> $$\varphi = -\int\vec{E}\vec{ds} = -\int E\,ds_N = -\int E\cos\alpha\,ds,$$
> *Einheit der Feldstärke:* $[E] = V/m$.

Bei der vektoriellen Formulierung gilt wieder wie bei der Stromdichte, daß durch Kehrwertbildung sich die Richtung eines Vektors nicht ändert.

Zur Berechnung des Potentials aus einem allgemeinen Wegvektor ds mit dieser Gleichung muß das Linienintegral über das Skalarprodukt $E\,ds\cos\alpha$ gebildet werden. Dabei ist α der Winkel zwischen ds und der Feldstärke E. Das Produkt $ds\cos\alpha = ds_N$ stellt die Projektion des Weges auf die Normalenrichtung dar.

Die räumlich verteilten Feldstärkevektoren bilden das vektorielle *"Feldstärkefeld"*.

Aus der bereits genannten Tatsache, daß die elektrische Feldstärke eine Kraft auf Ladungsträger ausübt und diese sich folglich in Richtung des größten Spannungsgefälles bewegen, folgt:

> *Der Feldstärkevektor E zeigt in die gleiche Richtung wie der Stromdichtevektor S. Jedem Feldpunkt eines Strömungsfeldes kann ein Feldstärkevektor zugeordnet werden. Man spricht von einem Feldstärkefeld.*

Das Feldstärkefeld stimmt in seiner Geometrie mit dem Strömungsfeld überein. Es besteht eine strenge Proportionalität zwischen S und E. Der Proportionalitätsfaktor ist die Leitfähigkeit κ.

$$\vec{S} = \kappa \vec{E}$$

Diese Gleichung kann hergeleitet werden durch Anwendung des Ohmschen Gesetzes auf ein Element in einer differentiell kleinen Stromröhre.

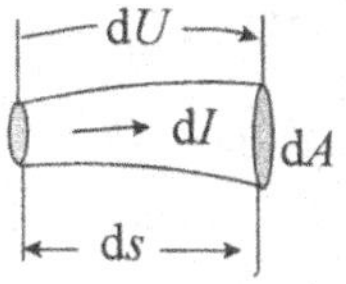

Bild 2.4 Differentiell kleine Stromröhre

Der Widerstand wurde durch die Widerstandsbemessungsgleichung ersetzt.

$$dU = R \, dI = \frac{1}{\kappa} \frac{ds}{dA} dI$$

$$\frac{dU}{ds} = E = \frac{1}{\kappa} \frac{dI}{dA} = \frac{1}{\kappa} S$$

$$\vec{E} = \frac{1}{\kappa} \vec{S}$$

Analog zum *Maschensatz* bei Stromkreisen gilt: Das Linienintegral der Feldstärke über einen geschlossenen Weg im elektrischen Feld ist Null.

$$\oint \vec{E} \, d\vec{s} = \oint E \cos \alpha \, ds = 0$$

Ein solches Integral, gekennzeichnet durch einen Kreis, wird auch *Ringintegral* oder *Umlaufintegral* genannt.

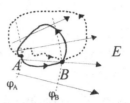

Bild 2.5 Geschlossener Weg einer Ladung in einem elektrischen Feld

Bewegt man eine positive Ladung q auf dem in Bild 2.5 angegebenen Weg von Punkt A nach Punkt B, so leistet die Ladung eine Arbeit, weil die Bewegung in Feldrichtung bzw. in Kraftrichtung erfolgt. Wird diese Ladung auf einem anderen Weg zurückbewegt zum Punkt A, so muß die gleiche Arbeit (Energie) aufgebracht werden.

Die Bewegung einer Ladung im Feld von einem Punkt A nach dem Punkt B ist mit einer Energieänderung verbunden, die unabhängig vom Weg zwischen den Punkten A und B ist. Die Bewegung auf dem zweiten gestrichelt gezeichneten Weg im Bild würde die gleiche Energieänderung aufweisen. Eine positive frei bewegliche Ladung erfährt im Feld eine Beschleunigung durch die Kraft, die in Richtung der Feldstärke E wirkt. Potentielle Energie wird in kinetische Energie verwandelt.

Wird die Ladung in erzwungener Weise entgegengesetzt zum Feld bewegt, so muß Energie aufgebracht werden. Laut Definition ist Spannung gleich Energie pro Ladung. Die Energiedifferenz ist nur abhängig von der Potentialdifferenz zwischen den Punkten A und B im Feld, nicht aber vom Weg selbst. Die Bewegung einer Ladung im elektrischen Feld verhält sich daher analog zur Bewegung einer Masse im Gravitationsfeld.

Ein Feld ist von einer Randfläche begrenzt. Dafür gelten folgende *Randbedingungen:* Ist der Rand ein guter *Leiter*, so ist er zugleich eine Äquipotentialfläche, und die Vektoren E und S stehen senkrecht auf ihr. Ist der Rand ein *Isolator*, so verlaufen die E- und S-Vektoren parallel zum Rand. Die

Äquipotentialflächen stehen senkrecht auf dem Rand.

2.2 Elektrisches Feld im Nichtleiter

2.2.1 Verschiedene Feldformen

Ein Isolator oder Nichtleiter wird auch als Dielektrikum bezeichnet. Die elektrische Leitfähigkeit κ ist Null, es kann sich kein Strömungsfeld ausbilden, die Ladungen sind ortsgebunden.

a) Feld zweier ungleichnamiger Punktladungen

Das Potentialfeld zweier ungleichnamiger Punktladungen in einem Dielektrikum stimmt mit dem Potentialfeld des Bildes 2.1 überein. Die Stromdichte ist Null. Die bisherigen Strömungslinien können als Feldlinien der elektrischen Feldstärke E interpretiert werden.

Das *Coulombsche Gesetz* formuliert die Kraft zwischen zwei Ladungen als Gleichung. Es ist dem Gravitationsgesetz für die Anziehung zweier Massen sehr ähnlich.

$$Coulombsches\ Gesetz\ F = \frac{1}{4\pi\varepsilon}\frac{Q_1 Q_2}{r^2}$$

Hierin bedeutet $\varepsilon = \varepsilon_0\,\varepsilon_r$ (Epsilon) die Permittivität, eine Materialkonstante des Stoffes, in dem sich die Ladungen befinden. Sie setzt sich aus der elektrischen Feldkonstanten ε_0 und der Permittivitätszahl ε_r zusammen, die allein vom Material abhängt. Die Feldkonstante hat den Wert:
$\varepsilon_0 = 8,854\ 10^{-12}$ As/Vm.

b) Feld einer Punktladung

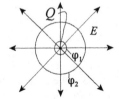

Bild 2.6 Feld einer Punktladung

Das Feld einer Punktladung Q leitet sich daraus ab, indem die Ladung $Q_2 = q$ so klein gewählt wird, daß ihr schwaches Feld das Feld der großen Punktladung Q nicht stört. Die auf die kleine Ladung wirkende Kraft ist $F = q\,E$. Aus dem Coulombschen Gesetz folgt dann für eine einzelne Punktladung:

$$E = \frac{1}{4\pi\varepsilon}\frac{Q}{r^2}$$

Die Feldstärke nimmt quadratisch mit der Enfernung von der Ladung Q ab und zeigt entsprechend Bild 2.6 für eine positive Punktladung strahlenförmig von der Ladung weg. Die Äquipotentialflächen sind konzentrische, die Punktladung umhüllende Kugeln.

Das Potentialfeld erhält man durch Integration der Feldstärke über den Weg dr senkrecht zu den Äquipotentialflächen.

$$\varphi = -\int E dr = -\int \frac{Q}{4\pi\varepsilon r^2}dr =$$
$$= \frac{-Q}{4\pi\varepsilon}\int\frac{dr}{r^2} = \frac{Q}{4\pi\varepsilon r} + C$$

Hierin bedeutet C die Integrationskonstante.

Das Potential mehrerer im Raum verteilter Punktladungen im Vakuum kann durch Überlagerung der Potentiale der einzelnen Punktladungen berechnet werden.

$$\varphi = \frac{1}{4\pi\varepsilon_0}\sum_{k=1}^{n}\frac{Q_k}{r_k} = k\sum_{k=1}^{n}\frac{Q_k}{r_k},$$
$$k = \frac{1}{4\pi\varepsilon_0} = 8,986\ 10^9\ \frac{Vm}{As}$$

c) Feld eines Plattenkondensators

Im Dielektrikum eines Plattenkondensators bildet sich ein *homogenes Feld* aus. Die Äquipotentialflächen verlaufen parallel zu den Platten, während die elektrische Feldstärke von der Plusplatte zur Minusplatte zeigt und an allen Stellen gleichgroß ist. Integriert man die konstante Feldstärke E in x-Richtung, so erhält man:

$$\varphi = \int E\mathrm{d}x = Ex + C$$

$$x=0: \varphi=0, x=d: \varphi=U,$$

$$C=0; E=\frac{U}{d},$$

$$daraus\ folgt: \varphi=\frac{U}{d}x.$$

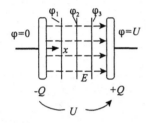

Bild 2.7 Homogenes Feld eines Plattenkondensators

Die Integrationskonstante C wurde aus der Randbedingung $x = 0$ und $\varphi = 0$ bestimmt.

Zahlenbeispiel: Potential und Feldstärke im Feld zweier Punktladungen

Im Bild 2.8 sollen das Potential und die Feldstärke in den Punkten P_1, P_2 und P_3 berechnet werden, wenn die Ladung $Q = 1$ nC ist. Das Potential zweier Punktladungen ist:

$$\varphi = k\left(\frac{Q_1}{r_1}+\frac{Q_2}{r_2}\right)=kQ\left(\frac{1}{r_1}-\frac{1}{r_2}\right)$$

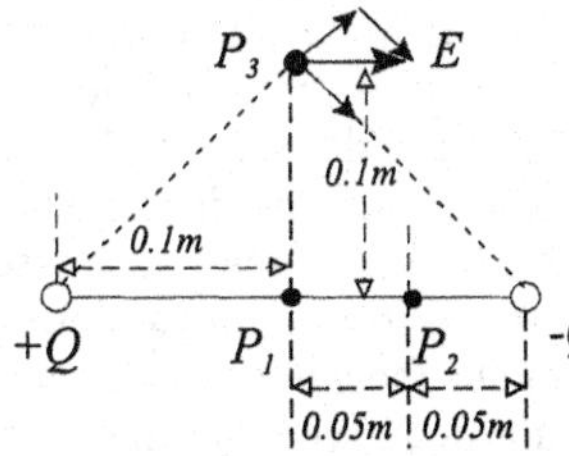

Bild 2.8 Berechnung von Potentialen und der Feldstärke in drei Punkten

Potentiale

Die Einheiten wurden in der Zwischenrechnung unterdrückt.

$$\varphi_{P1}=8,986\cdot10^9 10^{-9}\left(\frac{1}{0,1}-\frac{1}{0,1}\right)=0,$$

$$\varphi_{P2}=8,986\left(\frac{1}{0,15}-\frac{1}{0,05}\right)=-120\mathrm{V},$$

$$\varphi_{P3}=8,986\left(\frac{1}{0,141}-\frac{1}{0,141}\right)=0.$$

Feldstärken

P_1: $+Q$ bewirkt eine Feldstärke, die von der Ladung weg in positiver x-Richtung zeigt, E herrührend von $-Q$ zeigt ebenfalls in positiver x-Richtung. Beide Feldstärken sind gleichgroß und müssen addiert werden.

$$E_1 = E_2 = k\ Q/r^2$$

$$= 8.986\ 10^9\ 10^{-9}\ 1/0,01 = 899\ \mathrm{V/m},$$

Feldstärke im Punkt P_1: $E = 1797$ V/m

P_2: $r_1 = 0,15$, $r_2 = 0,05$,

$$E_1 = 8.986\ 10^9\ 10^{-9}\ 1/(0,15)^2 = 399\mathrm{V/m},$$

$$E_2 = 8.986\ 10^9\ 10^{-9}\ 1/(0,05)^2 = 3594\ \mathrm{V/m},$$

Feldstärke im Punkt P_1 : $E = 3993$ V/m.

P_3: Entfernung der Ladungen vom Punkt P_3: $r_1 = r_2 = 0,1414$

Die Feldstärken wirken in den im Bild 2.8 angegebenen Richtungen und sind vektoriell zu addieren. Die resultierende Feldstärke zeigt in positiver x-Richtung und hat den Wert 1,414 E_1.

$$E_1 = 8,986\ 10^9\ 10^{-9} 1/(0,1414)^2 = 449\ \mathrm{V/m},$$

$$E = 1,414\ E_1 = 636\ \mathrm{V/m}.$$

Beispiel: Elektron im homogenen Feld

Für die Geschwindigkeit v_1 des Elektrons nach dem Durchlaufen eines homogenen elektrischen Feldes soll eine Formel aufgestellt werden.

Lösung: Das Elektron verliert potentielle Energie $W = e\ U$, die in kinetische Energie umgewandelt wird: $W_{kin} = mv^2/2 = eU$. Auflösen nach der Geschwindigkeit v liefert:

$$\Delta v = \sqrt{2\Delta U\frac{e}{m}}\quad v_1 = v_0\,\Delta v$$

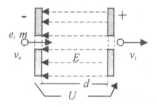

Bild 2.9 Beschleunigung eines Elektrons im elektrischen Feld

2.3 Influenz und Polarisation

Unter *Influenz* versteht man das Auftreten von Ladungen durch Ladungstrennung auf metallischen Leitern, die sich im Feld befinden, aber nicht mit den an die Spannungsquelle angeschlossenen Elektroden verbunden sind.

Bild 2.10 zeigt ein leitend verbundenes Plattenpaar im Feld eines Plattenkondensators. Durch die Kraftwirkung auf Ladungsträger bewegen sich die Elektronen zur Seite der positiven Platte, und auf der anderen Seite entsteht eine gleichgroße positive Ladung. Trennt man die Ladungen durch Trennung der Platten, so können sie herausgeführt werden. Dabei ändert sich die elektrische Energie des Kondensators nicht.

Durch das Trennen und Herausführen der Platten wird mechanische Energie in elektrische Energie gewandelt.

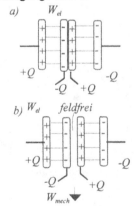

Bild 2.10 Influenz im Feld eines Plattenkondensators

Zwischen den beiden getrennten Platten entsteht ein feldfreier Raum, die Platten haben eine Schirmwirkung. Diese Schirmwirkung tritt auch auf, wenn die Metallfläche nicht geschlossen ist, sondern aus einem Drahtgitter besteht.

Allgemein spricht man von einem *Faradayschen Käfig*, dessen *Innenraum feldfrei* ist. Diese Tatsache ist auch die Grundlage des Blitzschutzes.

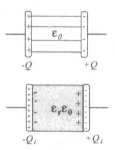

Bild 2.11 Virtuelle Ladung durch Polarisation

Im Nichtleiter sind die Ladungen ortsfest. Das Anlegen eines elektrischen Feldes bewirkt eine geringe Verschiebung der elastisch im Molekül oder im Kristallgitter gebundenen Ladungen. Man spricht von *dielektrischer Polarisation*.

Bei der Orientierungspolarisation drehen sich die im Stoff vorhandenen Moleküle mit Dipolcharakter infolge elektrostatischer Kraftwirkung so, daß ihre Feldvektoren parallel zum äußeren Feld liegen.

Je nach Art des Materials gibt es weitere Formen der Polarisation. Bei der *Elektronenpolarisation* bildet sich ein Dipol in einem Molekül. Es erfolgt eine Trennung der bisher zusammenfallenden Ladungsschwerpunkte durch Wirkung eines elektrischen Feldes. Bei der *Ionenpolarisation* verschieben sich die negativen Moleküle im Kristallgitter relativ zu den positiven Molekülen.

Bild 2.11 zeigt den Unterschied zwischen einem Kondensator ohne und mit Dielektrikum. An den Grenzflächen des Dielektrikums entsteht eine scheinbare oder *virtuelle*

Ladung, die die Ladung auf den Kondensatorplatten teilweise kompensiert.

Durch die entgegengesetzt zu den Kondensatorplatten geladenen Grenzflächen wird bei gleicher Feldstärke oder Kondensatorspannung eine höhere Ladung gespeichert. Die Kapazität vergrößert sich, wie im Abschnitt über den Kondensator gezeigt wird. Verbleibt der Kondensator beim Einbringen des Dielektrikums an der Spannungsquelle U_0 angeschlossen, so fließt eine der erhöhten Kapazität entsprechende Ladung nach. Wird der Kondensator dagegen von der Spannungsquelle getrennt, reduziert sich die Spannung auf dem Kondensator.

2.4 Dielektrischer Strom und Verschiebungsfluß

Im Bild 2.12 wird ein Versuch zur Erklärung des Verschiebungsstromes dargestellt. Bei Änderung der Spannung U_c fließt Ladung auf den Kondensator oder von ihm herunter. Im Dielektrikum kann für die Zeitdauer der Änderung ein Magnetfeld nachgewiesen werden. Man spricht vom *dielektrischen Strom* oder vom *Verschiebungsstrom* I_D als Fortsetzung des Leitungsstromes I_L im Nichtleiter. Damit ist die Kontinuitätseigenschaft des Stromes entsprechend dem Kirchhoffschen Knotensatz gewährleistet. Der in die Kondensatorplatte hineinfließende Leitungsstrom ist gleich dem aus ihr herausfließenden Verschiebungstrom. Es gilt $I_L = I_D$. Für den dielektrischen Strom gelten die in der Tafel angegebenen Gleichungen.

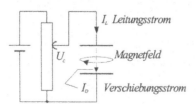

Bild 2.12 Verschiebungsstrom als Fortsetzung des Leitungsstromes

Der Begriff des *Verschiebungsstromes* resultiert aus der ladungsverschiebenden Wirkung des elektrischen Feldes auf Metalle und der polarisierenden Wirkung auf das Dielektrikum.

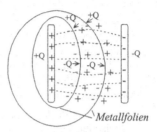

Bild 2.13 Versuch zum Begriff Verschiebungsfluß

Bild 2.13 zeigt einen weiteren Versuch. Hier wird die positive Platte eines Kondensators mit einer Metallfolie umhüllt. Das bewirkt eine Ladungsverschiebung auf der Metalloberfläche durch Influenz.

Die Ladung der Hülle ist gleich der umhüllten Ladung Q. Die Ladungstrennung ist also so erfolgt, daß auf der Außenseite der Hülle die Ladung Q mit dem gleichen Vorzeichen wie die umhüllte Ladung auftritt. Auf der Innenseite befindet sich dann die gleichgroße Ladung mit entgegengesetztem Vorzeichen.

$$\text{Dielektrischer Strom:} I_D = I_L, \quad I_D = \frac{d\psi}{dt},$$

$$\text{Verschiebungsfluß:} \psi = Q,$$

$$\text{Leitungsstrom:} I_L = \frac{dQ}{dt}.$$

$$\text{Verschiebungsdichte:} \vec{D} = \frac{d\psi}{d\vec{A}_N}.$$

$$\text{Oberflächenladungsdichte:} \sigma = \frac{dQ}{dA} = D.$$

Um dieser Fernwirkung der Ladung, die auf die Kraftwirkung auf Ladungen im elektrischen Feld zurückzuführen ist, gerecht zu werden, wurde von Maxwell zur quantitativen Beschreibung eine neue Größe, der Verschiebungsfluß ψ (Psi), eingeführt. Der Verschiebungsfluß ψ ist gleich der Ladung Q an der Oberfläche eines geladenen Körpers, wirkt aber als Flußgröße in das Dielektrikum hinein und veranlaßt die Verschiebung von Ladungen auf Metallen und die Polarisation im Nichtleiter.

Ein Feld wird zweckmäßig immer durch zwei Vektorgrößen, eine Differenz- oder Spannungsgröße und eine Fluß- oder Strömungsgröße, beschrieben. Mit der aus ψ abgeleiteten *Verschiebungsdichte D* wird die Flußgröße für den Nichtleiter definiert.

Die Verschiebungsdichte D wirkt in Richtung der elektrischen Feldstärke E und ist dieser proportional. Als Proportionalitätskonstante erweist sich die Permittivität ε. Die Gleichung

$$\vec{D} = \varepsilon \vec{E}$$

bezeichnet man auch als Materialgleichung analog zur Materialgleichung im Strömungsfeld mit $\vec{S} = \kappa \vec{E}$.

2.5 Kondensator

Das homogene Feld eines Plattenkondensators wurde bereits hergeleitet. Die Ladung Q ist proportional der Spannung U auf den Kondensatorplatten.

Durch Einführung der Kapazität C als Proportionalitätskonstante erhält man die Definitionsgleichung der *Kapazität*. Das Wort beschreibt das Fassungsvermögen eines Kondensators für Ladungen.

Definitionsgleichung der Kapazität:

$$Q = C\,U\,, \quad C = Q/U\,.$$
Einheit: $[C] = 1\mathrm{As/V} = 1\ \mathrm{Farad} = 1\mathrm{F}$

Die Einheit Farad ist sehr groß. Daher ist es üblich mit μF, nF und pF zu arbeiten.

Bei einem Plattenkondensator mit parallelhomogenem Feld im Inneren gewinnt man die Kapazität aus der *Bemessungsgleichung*:

$$C = \varepsilon \frac{A}{d}\,, \quad A = Fläche, \quad d = Abstand.$$

Sie sagt aus, daß C proportional der Plattenfläche und umgekehrt proportional dem Plattenabstand ist. Die Materialeigenschaften des Dielektrikums werden in der Permittivität ε berücksichtigt, die sich, wie bereits beim Coulombschen Gesetz ausgeführt wurde, aus der elektrischen Feldkonstanten ε_0 und der materialabhängigen Permittivitätszahl ε_r zusammensetzt.

$$\varepsilon = \varepsilon_0 \varepsilon_r\,, \quad \varepsilon_0 = 8{,}854 \cdot 10^{-12}\ \mathrm{As/Vm}.$$

Eine Größenvorstellung erhält man an einem Plattenkondensator mit quadratischen Platten der Kantenlänge von 0,1 m mit einem Plattenabstand von 1 mm. Die Kapazität dieses Kondensators ist $C = 88{,}54$ pF.

Geht man auf die Definition des Stromes als Differentialquotient der Ladung nach der Zeit zurück, so folgt daraus der in der Formel angegebene Strom-Spannungs-Zusammenhang am Kondensator. Das Fließen eines Stromes ist also abhängig von einer Spannungsänderung an einem Kondensator.

Strom-Spannungs-Gleichungen:
$$I = C\frac{\mathrm{d}U}{\mathrm{d}t}\,, \quad U = \frac{1}{C}\int I(t)\mathrm{d}t.$$

Zwei Beispiele in Bild 2.14 sollen den Zusammenhang anschaulich verdeutlichen.

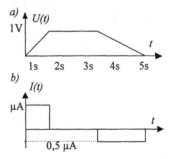

Bild 2.14 Stromzeitfunktion eines Kondensators bei vorgegebener Spannung, a) Spannungsverlauf, b) Stromverlauf

Steigt die Spannung linear an, so fließt ein konstanter Strom, bleibt die Spannung konstant, so wird der Strom Null.

Das Bild 2.15 zeigt eine sinusförmige Wechselspannung $u(t)$ mit der Amplitude $\hat{u}$ und der Frequenz ω, hier wie üblich mit kleinen Buchstaben bezeichnet. Der durch Differentiation errechnete Strom ist eine Kosinusfunktion der Zeit und eilt der Spannung um 90° voraus.

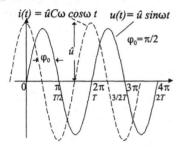

Bild 2.15 Sinusförmige Spannung und phasenverschobener sinusförmiger Strom am Kondensator.

2.6   Schaltungen mit Kondensatoren

Die Regeln der Zusammenschaltung mehrerer Kondensatoren werden aus der Gleichung $Q = C\,U$ hergeleitet. Vergleicht man eine Schaltung mit Kapazitäten mit einer Schaltung mit Widerständen so gilt: Die Kapazität C verhält sich analog zum Leitwert. Die Rolle der Spannung bleibt unverändert, die Ladung verhält sich analog dem Strom.

Analogie zwischen Leitwert und Kapazität:

Leitwert:	G	U	I	$I = G\,U$
Kapazität:	C	U	Q	$Q = C\,U$

Bei Parallelschaltung von Kondensatoren werden bei Beibehaltung der Spannung die Ladungen und damit auch die Kapazitäten addiert.

Bei der Reihenschaltung werden bei Beibehaltung der Ladung die Spannungen addiert. Unabhängig von der Größe der Kapazität sind die Ladungen auf jeder Kapazität gleich der Gesamtladung Q.

> *Parallelschaltung:*
> $C = C_1 + C_2$,
> $U_1 = U_2$, $Q_1 + Q_2 = Q$.
>
> *Reihenschaltung:*
> $1/C = 1/C_1 + 1/C_2$, $Q_1 = Q_2$, $U_1 + U_2 = U$.
>
> *Spannungsteiler:*
> $U_2/U = C_1/(C_1 + C_2)$.
>
> *Ladungsteiler:*
> $Q_2/Q = C_2/(C_1 + C_2)$.

Beispiel: Reihenschaltung von zwei Kondensatoren

Vorgegeben ist die Gesamtladung $Q = 1\,nC$ und die beiden Kapazitäten der Schaltung nach Bild 2.16. Gesucht sind die Gesamtkapazität C, die Gesamtspannung U und die Teilspannungen und die Ladungen der Kondensatoren.

Bild 2.16 Beispiel für die Reihenschaltung von zwei Kondensatoren

Lösung:

Kapazität C: $\dfrac{1}{C} = \dfrac{1}{C_1} + \dfrac{1}{C_2}$, $C = \dfrac{2}{3}\,nF$.

Spannung: $U = \dfrac{Q}{C} = \dfrac{1nC}{0{,}666nF} = 1{,}5V$,

Teilspannungen:

$U_1 = \dfrac{Q}{C_1} = 1V$, $\quad U_2 = \dfrac{Q}{C_2} = 0{,}5V$.

oder U_2 mit kapazitivem Spannungsteiler:

$$\frac{U_2}{U}=\frac{\dfrac{1}{C_2}}{\dfrac{1}{C_1}+\dfrac{1}{C_2}}=\frac{C_1}{C_1+C_2}=\frac{1}{3}$$

Die Ladungen sind bei einer Reihenschaltung gleich: $Q_1 = Q_2 = Q = 1\text{nC}$.

Beispiel: Schaltung mit drei Kapazitäten

Zu bestimmen sind die Gesamtkapazität und die Ladungen und Spannungen über den einzelnen Kapazitäten der vorgegebenen Schaltung bei vorgegebener Gesamtspannung $U = 10$ V in Bild 2.17.

Man geht davon aus, daß die Ladungen der in Reihe geschalteten Kondensatoren gleich der Gesamtladung sind und die Spannung bei parallelgeschalteten Kondensatoren gleich ist.

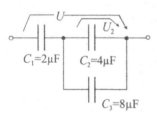

Bild 2.17 Beispiel zur Berechnung der Gesamtkapazität und der Ladungen und Spannungen

Lösung:

Gesamtkapazität:

$$C=\frac{C_1(C_2+C_3)}{C_1+C_2+C_3}=1.714\mu\text{F}.$$

Gesamtladung:

$$Q=CU=17{,}14\mu C.$$

Teilladungen:

$$Q_1=Q=17{,}14\mu\text{C},\quad\frac{Q_2}{Q}=\frac{C_2}{C_2+C_3},$$

$$Q_2=\frac{Q_g}{3}=5{,}71\mu\text{C},$$

$$Q_3=\frac{C_3}{C_2+C_3}Q=11{,}43\mu\text{C}.$$

Spannungen:

$$\frac{U_2}{U}=\frac{C_1}{C}=\frac{C_1}{C_1+C_2+C_3},$$

$$U_2=\frac{1}{7}10\text{V}=1{,}4429\text{V}.$$

Beispiel: Zweifacher kapazitiver Spannungsteiler

Bei vorgegebener Spannung U_1 am Eingang des Kondensatornetzwerks soll die Ausgangsspannung U_2 allgemein bestimmt werden.

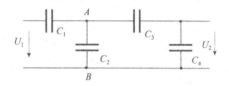

Bild 2.18 Zweifacher kapazitiver Spannungsteiler

Kapazität zwischen A und B:

$$C_{AB}=C_2+\frac{C_3C_4}{C_3+C_4}$$

$$U_{AB}=U_1\frac{C_1}{C_1+C_{AB}},\quad U_2=U_{AB}\frac{C_3}{C_4+C_3}.$$

Multiplikation und Einsetzen von C_{AB}:

$$\frac{U_2}{U_1}=\frac{C_1C_3}{(C_1+C_2)(C_3+C_4)+C_4C_3}$$

Kondensatoren mit geteiltem Dielektrikum

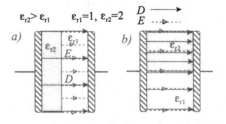

Bild 2.19 Kondensatoren mit geteiltem Dielektrikum,a) Trennfläche quer, b) längs zum Feld

Kondensatoren mit senkrecht oder quer zum Feld geteiltem Dielektrikum können als Reihenschaltung und Kondensatoren mit parallel oder längs zum Feld geteiltem Dielektrikum können als Parallelschaltung zweier Kondensatoren aufgefaßt werden. Das Bild 2.19 zeigt den Feldverlauf. Im Fall a) ist die Verschiebungsdichte in beiden Materialien gleichgroß und die Feldstärke im Material mit dem kleineren Epsilon größer.

$$D_1=D_2, \quad \varepsilon_1 E_1=\varepsilon_2 E_2, \quad E_1/E_2=\varepsilon_{r2}/\varepsilon_{r1}= 2.$$

Im Fall b) ist elektrische Feldstärke in beiden Materialien gleich und die Verschiebungsdichte im Material mit dem größerem ε_r größer.

$$E_1=E_2 , \quad D_1/\varepsilon_1=D_2/\varepsilon_2, \quad D_1/D_2= \varepsilon_{r1}/\varepsilon_{r2} =1/2.$$

Beispiel: Kondensator mit geteiltem Dielektrikum

Man berechne die Kapazitäten und die Feldgrößen E und D für die Kapazitäten in Bild 2.19, wenn die Plattenfläche $A = 0,01$ m^2 quadratisch gestaltet ist und die Trennflächen sich jeweils in der Mitte befinden. Gegeben sind ferner der Abstand der Platten d=0,01m, die Permittivitätszahl $\varepsilon_{r1} = 1$, $\varepsilon_{r2} = 5$ und die Kondensatorspannung $U =100$ V.

a) Trennfläche quer zum Feld:
$C_1= (\varepsilon_{r1}\varepsilon_0 \, A)/d = 8,854 \, 10^{-12} \, 0,01/0,005$;
$C_1= 17,7$ pF.

$C_2=(\varepsilon_{r2}\varepsilon_0 \, A)/d= (5 \cdot 8,854 \, 10^{-12} \, 0,01)/0,005$;
$C_2 = 88,5$ pF.

$C = (1/C_1 +1/C_2)^{-1} =14,75$ pF.

$D=D_1=D_2= Q/A= (UC)/A =147,5$ nC/m^2.

Spannung über C_1 und C_2:
$U_1/U = C_2/(C_1+C_2) = 0,8333, U = 83,33$ V, $U_2 = U-U_1 = 16,67$ V.

$E_1 = D/(\varepsilon_{r1}\,\varepsilon_0) = U_1/d_1 = 83,33/0,005$;
$E_1 =16670$ V/m.

$E_2 = D/(\varepsilon_{r2}\,\varepsilon_0) = U_2/d_2 = 16,67/0,005$;
$E_2 = 3334$ V/m.

b) Trennfläche längs zum Feld
Die Fläche ist für jeden Kondensator gleich der halben Plattenfläche
$A_1 = A_2 = A/2 = 0,005$ m^2.

$C_1= (\varepsilon_{r1}\,\varepsilon_0 \, A)/d =(8,854 \, 10^{-12} \, 0,005)/0,01$;
$C_1 = 4,42$ pF.

$C_2=(\varepsilon_{r2}\,\varepsilon_0 A)/d=(5 \cdot 8,854 \, 10^{-12} \, 0,005)/0,01$;
$C_2 = 22,11$ pF.

$C = C_1+C_2 = 26,53$ pF.

$E_1 = E_2 = E = U/d = 100$ V/0,01 m, $E = 10$ kV/m.

$D_1 = \varepsilon_{r1}\varepsilon_0 \cdot E = 88,54$ nAs/m^2,

$D_2 = \varepsilon_{r2}\varepsilon_0 \cdot E = 442,25$ nAs/m^2.

2.7 Schaltvorgänge an R-C-Schaltungen

Bild 2.20 zeigt einen Stromkreis, bei dem ein Kondensator über einen Widerstand und einen Schalter mit einer Gleichspannungsquelle verbunden ist.

Die Strom-Spannungs-Gleichung am Kondensator $I = C \, dU/dt$ sagt aus, daß nur dann ein Strom fließen kann, wenn sich die Spannung am Kondensator ändert. Beim Einschalten ändert sich die Spannung an der Kapazität C sprunghaft. Im folgenden soll der zeitliche Verlauf der Kondensatorspannung $U_C(t)$ beim *Einschalten* hergeleitet werden.

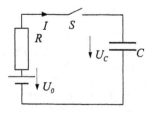

Bild 2.20 Aufladen einer Kapazität

Die Anwendung des Maschensatzes bei geschlossenem Schalter S führt auf eine Differentialgleichung für U_C.

Maschensatz, Differentialgleichung:

$$U_0 = RI + U_C = RC\frac{dU_C}{dt} + U_C, \quad (1)$$

$$\frac{dU_C}{dt} = \frac{1}{RC}(U_0 - U_C).$$

Normierung, Division mit U_0

$$\frac{d\left(\dfrac{U_C}{U_0}\right)}{dt} = \frac{1}{\tau}\left(1 - \frac{U_C}{U_0}\right),$$

mit $x = \dfrac{U_C}{U_0}$ *und* $\tau = RC$ *Zeitkonstante,*

$$\frac{dx}{1-x} = \frac{dt}{\tau}$$

Integration: $\displaystyle\int\frac{dx}{1-x} = -\int\frac{dz}{z} = \int\frac{dt}{\tau},$

$$-\ln z = \frac{t}{\tau}, \quad z = e^{-t/\tau},$$

Rücksubstitution: $z = 1 - \dfrac{U_C}{U_0}$

$$\frac{U_C}{U_0} = 1 - e^{-\frac{t}{\tau}} \quad (2)$$

Unter *Normierung* versteht man die Division einer physikalischen Größe mit einer *Bezugsgröße*, hier U_0, um eine dimensionslose Größe zu erhalten, die hier mit x bezeichnet wird. Die Lösung der Differentialgleichung erfolgt durch Trennung der Variablen und Integration durch Substitution mit dem Ergebnis:

$$U_C = U_0\left(1 - e^{-\frac{t}{\tau}}\right), \tau = RC.$$

Das Produkt $\tau = RC$ hat die Einheit der Zeit und heißt daher Zeitkonstante. Die Zeitkonstante stellt ein Maß für die Dauer des Übergangsverhaltens dar. Es ist die Zeit, bei der die Tangente an die Zeitfunktion bei $t = 0$ den Wert U_0 erreicht. Die Kondensatorspannung erreicht bei der Halbwertzeit $t_H = \tau \ln2 = 0{,}693\tau$ den Wert $U_0/2$.

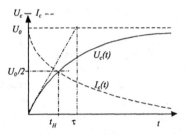

Bild 2.21 Spannung U_c und Strom I_c beim Aufladen eines Kondensators

Der Kondensatorstrom I_c nimmt im Einschaltmoment den Maximalwert U_0/R, den Kurzschlußstrom, an und klingt nach der Exponentialfunktion $I_c = (U_0/R)\,e^{-t/\tau}$ ab. Man erhält ihn durch Anwendung der Strom-Spannungs-Gleichung der Kapazität $I = C\,dU/dt$.

Beim Öffnen des Schalters S in Bild 2.20 würde der Kondensator seine gespeicherte Ladung und Spannung behalten. Schließt man aber bei geschlossenem Schalter S die Spannungsquelle kurz, dann entlädt sich der Kondensator über R. In der Differentialgleichung (1) muß die linke Seite Null gesetzt werden. Die Spannung klingt nach einer e-Funktion ab:

$$U_C = U_0\,e^{-\frac{t}{\tau}}, \tau = RC.$$

Der Strom wechselt beim Ausschalten seine Richtung, ausgedrückt durch das Vorzeichen: $I_c = -(U_0/R)\,e^{-t/\tau}$.

Die vorgestellte Lösung kann auf alle Schaltvorgänge mit R-C-Schaltungen angewendet werden, bei denen nach dem Zweipolsatz eine Unterteilung in einen aktiven R-Zweipol und in einen C-Zweipol möglich ist. Für die Zeitkonstante beim Einschalten ist dann der *Ersatzinnenwiderstand* maßgebend. Der Kondensator lädt sich nur auf den Wert der Ersatzspannungsquelle U_{0e} auf. Beim Ausschalten bestimmt der Widerstand R_a, den der Strom vorfindet, die Zeitkonstante, wie folgendes Beispiel zeigt.

Beispiel: Schaltvorgang mit Zweipolsatz

Zu Bild 2.22 soll die Zeitfunktion der Kondensatorspannung beim Schließen und beim Öffnen des Schalters *S* berechnet werden.

Lösung: Schließen von S: Zunächst trennt man den Kondensator aus der Schaltung heraus und ermittelt den aktiven Ersatzzweipol an den Klemmen *A, B.*

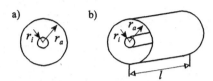

Bild 2.23 a) Kugelkondensator, b) Zylinderkondensator oder Koaxialleitung

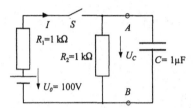

Bild 2.22 Beispiel zum Aufladen und Entladen einer Kapazität über einen aktiven Zweipol

Ersatzinnenwiderstand:
$R_{ie} = R_1 \| R_2 = 500\Omega.$

Ersatzspannungsquelle:

$$U_{0e} = (U_0\,R_2)/(R_1 + R_2) = 50\ \text{V}$$

Einschaltzeitkonstante:
$\tau_e = R_{ie}\,C = 500\cdot1 = 0{,}5\ \text{ms}.$

Zeitfunktion: $U(t) = 50\text{V}\,(1 - e^{-t/\tau_e}).$

Öffnen von S: Der Kondensator entlädt sich über den Widerstand R_2.

Ausschaltzeitkonstante: $\tau_a = R_2C = 1\ \text{ms}.$

Zeitfunktion: $U(t) = 50\ \text{V}\ e^{-t/\tau_a}.$

2.8 Kapazitäten von speziellen Kondensatoren und Leitungen

Bei der Herleitung von Formeln für die Kapazitäten von Kugel- und Zylinderkondensatoren sowie von Leitungen wird die Feldgröße *Verschiebungsdichte D* besonders wichtig. Die Verschiebungsflußdichte entspricht an der Elektrodenoberfläche der Ladungsdichte dQ/dA. Daraus folgt unmittelbar die Feldstärke $E = D/\varepsilon$ und die Spannung U durch Integration zwischen den Elektroden. Der Proportionalitätsfaktor zwischen Q und U ist dann die Kapazität C.

Dieses Vorgehen soll beispielhaft am Zylinderkondensator erläutert werden. Die Verschiebungsdichte an der Oberfläche der Innenelektrode, einem Zylindermantel, ist gleich der Oberflächenladungsdichte:
$D = Q/A = Q/(2\pi r_i l)$. In der Entfernung r von der Mittellinie des Innenleiters ist sie $D = Q/(2\pi r l)$. Division mit ε und Integration über den Weg, hier über r, führt zum
Potential $\varphi = \dfrac{Q}{2\pi\varepsilon l}\int\dfrac{\mathrm{d}r}{r}$. Integriert man in den Grenzen von r_i bis r_a so wird die Spannung: $U = [Q/(2\pi\varepsilon l)]\ \ln(\,r_i/r_a)$. Bildet man nun $C = Q/U$, so erhält man die in der Tafel angegebene Formel.

Zylindrische Felder werden auch bei einer Doppelleitung ausgebildet.

$$\textit{Kugelkondensator: } C = \frac{4\pi\varepsilon}{\dfrac{1}{r_i} - \dfrac{1}{r_a}}$$

$$\textit{Zylinderkondensator, Koaxialleitung:}$$

$$C = \frac{2\pi\varepsilon l}{\ln\left(\dfrac{r_a}{r_i}\right)}, \quad l \gg r_a .$$

$$\textit{Doppelleitung: } C = \frac{\pi\varepsilon l}{\ln\left(\dfrac{a}{r_L}\right)} \quad l > a > r_L$$

Ein Leiter über einer leitenden Fläche, z.B. über Erde, nach Bild 2.24 hat die Kapazität:

$$C = \frac{2\pi\varepsilon l}{\ln\left(\dfrac{2h}{r_L}\right)}, \quad l > h > r_L .$$

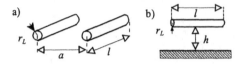

Bild 2.24 a) Doppelleitung, b) Leiter über Erde

2.9 Energie im elektrischen Feld

In einem vom elektrischen Feld erfüllten Raum ist wegen des Vorhandenseins einer elektrischen Feldstärke E Energie gespeichert. Diese äußert sich in einer gespeicherten elektrischen Ladung oder Spannung auf den Elektroden eines Kondensators mit der Kapazität C. Ersetzt man im Integral für die elektrische Energie: $W = \int U I \mathrm{d}t$ den Strom

$I = C\, \mathrm{d}U/\mathrm{d}t$, so erhält man:

$$W = \int U C \frac{\mathrm{d}U}{\mathrm{d}t}\mathrm{d}t = \int U C \mathrm{d}U = \frac{CU^2}{2}.$$

Weitere Zusammenhänge zwischen Energie und Feldgrößen sind in der Tafel zusammengestellt.

Die Spannung U wurde aus der Definitionsgleichung der Kapazität durch Q/C schrittweise ersetzt, wodurch die Energieformel modifiziert wurde.

Formel (1) eignet sich für Kapazitätsänderung bei konstanter Spannung. Dabei bleibt der Kondensator an der Quelle angeklemmt. Die gespeicherte Energie wächst proportional mit der Erhöhung der Kapazität, z.B. durch Verminderung des Plattenabstandes oder Einbringen eines Dielektrikums. Bei Vergrößerung des Plattenabstandes fließt dagegen wegen kleiner werdender Kapazität C Ladung zurück in die Quelle, und die gespeicherte Energie sinkt.

Wird der geladene Kondensator von der Quelle abgeklemmt und die Kapazität danach geändert, so eignet sich Formel (2). Die Ladung Q bleibt konstant. Bei Vergrößerung des Plattenabstandes wird die Kapazität C kleiner und damit die gespeicherte

Energie größer. Der Plattenabstand wird gegen eine Kraft vergrößert. Dabei wird mechanische Energie in elektrische Energie umgewandelt.

$$W = \frac{1}{2}CU^2 \quad mit\, Q = CU \quad (1)$$

$$W = \frac{1}{2}UQ = \frac{1}{2}\frac{Q^2}{C}. \quad (2)$$

$$mit\, C = A\frac{\varepsilon}{d}, E = \frac{U}{d} \text{ und Volumen } V = Ad:$$

$$W = \frac{1}{2}A\frac{\varepsilon}{d}U^2 = \frac{1}{2}Ad\frac{\varepsilon}{d^2}2U^2,$$

$$W = V\frac{1}{2}\varepsilon E^2 = V\frac{1}{2\varepsilon}D^2. \quad (3)$$

Energiedichte:

$$w = \frac{W}{V} = \frac{1}{2}\varepsilon E^2 = \frac{1}{2\varepsilon}D^2. \quad (4)$$

Am einfachsten können die Verhältnisse im homogenen Feld eines Plattenkondensators überblickt werden. Das Ersetzen der Spannung durch die Feldstärke E und der zu ihr proportionalen Verschiebungsdichte D führt auf die Gleichungen (3) und (4).

Beispiel:
Die in Bild 2.16 auf den Kondensatoren gespeicherte Energie ist zu berechnen.
Die Werte der Spannungen wurden zu $U_1 = 1$ V und $U_2 = 0,5$ V bestimmt.

$$W_1 = \frac{1}{2}C_1U_1^2 = \frac{1}{2}10^{-9} = 0,5\mathrm{nWs},$$

$$W_2 = \frac{1}{2}C_1U_1^2 = \frac{1}{2}2\cdot10^{-9}\left(\frac{1}{2}\right)^2 = 0,25\mathrm{nWs},$$

$$W = W_1 + W_2 = 0,75\mathrm{nWs}.$$

2.10 Kraft im elektrischen Feld

Man unterscheidet zwischen *Kraft auf Ladungen* und *Kraft an Trennflächen* unterschiedlicher Dielektrika.

Kraft auf Ladungen

Die Kraft auf frei bewegliche Ladungen ist als sichtbare Wirkung des elektrischen Feldes proportional der elektrischen Feldstärke.

$$F = Q\,E, \qquad Elektronen: F = -eE.$$

Die Kraft zwischen zwei *Punktladungen* gehorcht dem *Coulombsche Gesetz*. Dieses Gesetz wird auf mehreren Punktladungen erweitert durch das Überlagerungsprinzip. Die Gesamtkraft auf eine ausgewählte Ladung erhält man durch vektorielle Addition der von jeder der übrigen Ladungen herrührenden Einzelkräfte durch mehrfaches Anwenden des Coulombschen Gesetzes.

Kraft zwischen zwei Kondensatorplatten

Sie kann entsprechend der Gleichung aus der Mechanik, *Arbeit gleich Kraft mal Weg*, unmittelbar aus der Energie dW hergeleitet werden, die man zur Vergrößerung des Plattenabstandes um den differentiellen Weg dx aufbringen muß. Bei konstanter Ladung Q wird der Kondensator von der Spannungsquelle abgetrennt. Dann lautet die Formel für die gespeicherte Energie

$$W = Q^2/(2C) = Q^2\,d/(2\varepsilon\,A).$$

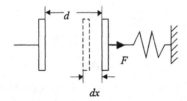

Bild 2.25 Kraft auf Kondensatorplatten

Die Kapazität wurde durch die Kondensator-Bemessungsgleichung ersetzt. Der Energiezuwachs durch Vergrößerung des Abstandes ist dann:

$$W + \mathrm{d}W = Q^2(d + \mathrm{d}x)/(2\varepsilon\,A),$$

$$\mathrm{d}W = (Q^2\mathrm{d}x)/(2\varepsilon\,A).$$

$$\boxed{\mathrm{d}W/\mathrm{d}x = F = Q^2/(2\varepsilon A) = Q^2/(2Cd).}$$

Zahlenbeispiel: Gegeben sind $C = 100$ pF, der Plattenabstand $d = 1$ mm und die La-

dung $Q = 1$ nC eines mit Luft gefüllten Kondensators. Gesucht sind die Spannung U, die Plattenfläche A, die Kraft F. Wie groß ist der Energiezuwachs, wenn der Abstand um 1% vergrößert wird?

Lösung:

$$U = Q/C = (Qd)/(\varepsilon_0 A) = 10 \text{ V},$$
$$A = Cd/\varepsilon_0 = 0{,}1/8{,}854 = 0{,}0113 \text{ m}^2,$$
$$F = Q^2/(2Cd) = 10^{-18}/(2\cdot100\cdot10^{-12}\cdot10^{-3});$$
$$F = 0{,}5\cdot10^{-5} \text{ N}.$$

Energiezuwachs bei $\mathrm{d}x = 0{,}01d = 10^{-5}$ m:

$$\mathrm{d}W = F\,\mathrm{d}x = 0{,}5\cdot10^{-10} \text{ Ws} = 0{,}05 \text{ nWs}.$$

Die Herleitung der Kraft kann auch über die Energiedichte w unmittelbar aus den Feldgrößen D oder E erfolgen.

Mit der Bewegung um dx vergrößert sich das vom Feld erfüllte Volumen um dV und damit auch die gespeicherte elektrische Energie um d$W = w$ dV. Die Kraft wird dann Energiedichte mal Fläche. Über die Feldgrößen kann dann die Kraft auf eine Trennfläche unterschiedlichen Materials bestimmt werden. Die Gleichungen für die Kraftwirkung wurden in der folgenden Tafel zusammengefaßt.

$$\mathrm{d}W = F\mathrm{d}x \; \textit{mit} \; \mathrm{d}V = A\mathrm{d}x:$$

$$F = \frac{\mathrm{d}W}{\mathrm{d}x} = w\frac{\mathrm{d}V}{\mathrm{d}x} = wA. \qquad (1)$$

Kraft zwischen Kondensatorplatten:

$$F = \frac{W}{d} = \frac{1}{2}A\frac{\varepsilon}{d^2}U^2 = \frac{1}{2}A\varepsilon E^2. \quad (2)$$

Die *Kraft* zwischen beiden Platten wirkt anziehend.

Allgemein gilt:

> *Die Kraft ist stets so gerichtet, daß durch ihre Wirkung die Kapazität vergrößert wird.*

Diese Aussage gilt auch für die Kraft auf Trennflächen unterschiedlichen Materials.

Kraft an Trennflächen mit unterschiedlichem Dielektrikum

Hier steht die Kraft immer senkrecht auf der Trennfläche und wirkt in Richtung der kleineren Dielektrizitätskonstante. Der Stoff mit größerem ε wird auf Zug, der Stoff mit kleinerem ε auf Druck beansprucht. Steht die Trennfläche quer oder senkrecht zu den Feldlinien, so ist entsprechend Bild 2.19 die Verschiebungsdichte D konstant. Daher muß die Energiedichte in der Formel (1) der Tafel durch $w = D^2/(2\varepsilon)$ ausgedrückt werden. Steht die Trennfläche parallel zu den Feldlinien, so ist die Feldstärke E konstant und die Energiedichte muß durch $w = (\varepsilon E^2)/2$ ausgedrückt werden. Damit ergeben sich die folgenden Formeln:

Trennflächen mit unterschiedlichem ε
a) quer zum Feld:

$$F_1 = \frac{1}{2}A\left(\frac{1}{\varepsilon_1} - \frac{1}{\varepsilon_2}\right)D^2,$$

b) längs zum Feld:

$$F_2 = \frac{1}{2}A(\varepsilon_1 - \varepsilon_2)E^2.$$

Bei isoliertem geladenen Kondensator bleibt beim Entfernen des Dielektrikums die Ladung erhalten und die Kapazität sinkt. Nach $W = Q^2/(2C)$ nimmt die gespeicherte elektrische Energie zu. Der Zuwachs erklärt sich aus der Wandlung mechanischer Energie in elektrische Energie. Das Dielektrikum muß entgegen einer Kraft herausgezogen werden, es wird mechanische Arbeit geleistet.

Zahlenbeispiel:
Bezug nehmend auf das Beispiel in Bild 2.19 sollen für beide Fälle mit $\varepsilon_{r1}=1$, $\varepsilon_{r2}=5$ die Kräfte auf die Trennfläche berechnet werden.

Lösung:

a) Trennfläche A quer zum Feld:

$$F_1 = \frac{1}{2}A\left(\frac{1}{\varepsilon_2} - \frac{1}{\varepsilon_1}\right)D^2$$

$$= \frac{1}{2}10^{-2}\frac{1}{8{,}854 \cdot 10^{-12}}\left(1 - \frac{1}{5}\right)(147{,}4 10^{-9})^2$$

$$= 981{,}5 \cdot 10^{-8}\,\text{N} = 9{,}815\,\mu\text{N}.$$

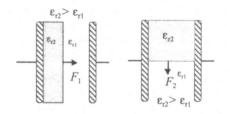

Bild 2.26 Kraft an Trennflächen mit unterschiedlichem Dielektrikum

b) Trennfläche parallel A_1 zum Feld:

Die Trennfläche ist jetzt eine Kantenlänge a der quadratischen Fläche mal Abstand d.

$$A_1 = d\,a = 0{,}1 \cdot 0{,}01 = 10^{-3}\text{m}^2,$$

$$F_2 = \frac{1}{2}A_1(\varepsilon_1 - \varepsilon_2)E^2 = \frac{1}{2}A_1\varepsilon_0(\varepsilon_{1r} - \varepsilon_{2r})E^2$$

$$= 0{,}5 \cdot 10^{-3} \cdot 8{,}854 \cdot 10^{-12}(5-1)(10^4)^2$$

$$= 1{,}771 \cdot 10^{-6}\,\text{N} = 1{,}771\,\mu\text{N}.$$

Die Kräfte im elektrostatischen Feld sind sehr klein, so daß eine Wandlung von mechanischer Energie in elektrische Energie über das elektrische Feld nicht sinnvoll ist.

3 Elektromagnetismus

Analog zur Kraftwirkung elektrischer Ladungen aufeinander gibt es auch magnetische Kraftwirkungen, die von einem Permanentmagneten oder von einem elektrischen Strom ausgehen und sich vor allem auf das Material Eisen auswirken. Die Kraftwirkung ist eine Fernwirkung, man spricht von einem magnetischen Feld.

Der Magnetismus ist eng und in *zweifacher Weise* mit dem elektrischen Strom verkoppelt.

Bei der Behandlung des elektrischen Stromes wurde bereits ohne tiefere Erklärung seine magnetische Wirkung genannt. Jeder Strom ist die Ursache von einem Magnetfeld, das den Strom umwirbelt. Dieser Zusammenhang wird genauer im *Durchflutungsgesetz* formuliert. Die magnetische Kraftwirkung diente zur Definition der Einheit Ampere.

Bei der zweiten Verknüpfung ist das Magnetfeld die Ursache. Eine Änderung des Magnetfeldes ruft eine elektrische Spannung hervor. Das *Induktionsgesetz* ist die Grundlage für die großtechnische Erzeugung elektrischer Energie.

3.1 Magnetischer Kreis

Analog zum elektrischen Stromkreis kann man einen magnetischen Kreis aus magnetisch gut leitfähigem, d.h. aus hochpermeablem Material konstruieren, dessen Querschnitt nach Bild 3.1 von einem magnetischen Fluß Φ durchdrungen wird. Die Quelle, die diesen Fluß antreibt, ist ein in den Kreis eingefügter Permanentmagnet oder eine stromdurchflossene Spule mit der *magnetischen Urspannung V_0*.

Magnetischer Fluß

Der magnetische Fluß wird mit dem griechischen Buchstaben Φ (Phi) bezeichnet. Er hat Stromcharakter. Seine Ableitung

nach der Zeit entspricht der induzierten Spannung, woraus die Einheit abgeleitet wird.

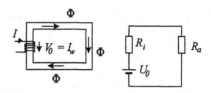

Bild 3.1 Analogie zwischen magnetischem und elektrischem Kreis

Magnetischer Kreis		Elektrischer Kreis	
Magnetischer Fluß	[Φ] Vs	Strom	[I] A
Magnetische Spannung	[V] A	Spannung	[U] V
Magnetischer Widerstand	[R_m] A/Vs	Widerstand	[R] Ω

> *Die Einheit des magnetischen Flusses ist die Voltsekunde oder das Weber:*
> [Φ] = 1 Vs = 1 Weber = 1 Wb.

Der Fluß ist im Inneren der Quelle vom Südpol zum Nordpol gerichtet. Außerhalb verläuft er von *N* nach *S*. Der Fluß ist kontinuierlich, d.h., alle Flußlinien, die die Quelle am Nordpol verlassen, erreichen sie am Südpol wieder. Die Magnetnadel eines Kompasses richtet sich parallel zu den Feldlinien des Erdmagnetfeldes aus.

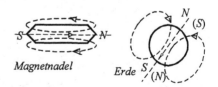

Magnetnadel   *Erde*

Bild 3.2 Richtung des Flusses in der Magnetnadel und beim Erdfeld, ( ) Polbezeichnung nach der Definition der Flußrichtung

Sie müßte zum magnetischen Südpol zeigen, weil sich ungleichnamige Pole anziehen. Beim Erdfeld ist die Flußrichtung gerade umgekehrt definiert.

An einer Verzweigung gilt der Knotensatz. Die Summe aller zum Knoten hinführenden Flüsse ist gleich der Summe aller von ihm wegführenden Flüsse. Abweichend von der Analogie zum elektrischen Strom ist der Fluß *nicht* mit dem *Transport von Teilchen* verbunden. Die Querschnitte in einem Eisenkreis sind größer als die Querschnitte elektrischer Leiter. Luft und Vakuum sind für Ströme ein idealer Isolator, für Flußlinien dagegen nur ein endlicher hoher Widerstand.

Magnetische Spannung V

Die magnetische Spannung V ist die Ursachengröße für den magnetischen Fluß. Die magnetische Urspannung oder Quellspannung $V_0 = - \Theta$ (Theta) wird auch mit Durchflutung bezeichnet und von einem Permanentmagneten oder von einer stromdurchflossenen Spule erzeugt. Wird Θ verwendet ist der Zählpfeil in Flußrichtung anzusetzen.

Die magnetische Spannung wird als Quotient der *magnetischen Energie* mit dem magnetischen Fluß definiert.

Magnetische Spannung:
$$V = \frac{W_m}{\Phi}, V = \frac{\mathrm{d}W_m}{\mathrm{d}\Phi}.$$

Die Einheit der magnetischen Spannung ist daher das Ampere.
$$[V] = 1\,\text{Ampere} = 1\,\text{A}$$

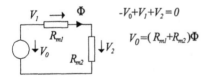

$-V_0 + V_1 + V_2 = 0$

$V_0 = (R_{m1} + R_{m2})\Phi$

Bild 3.3 Magnetischer Kreis

Für die magnetische Spannung gilt der Maschensatz entsprechend Bild 3.3.

Magnetischer Widerstand R_m

Der magnetische Widerstand drückt quantitativ aus, daß sich ein Körper dem Flußdurchgang widersetzt. Er ist als Verhältnis von magnetischer Spannung zu Fluß definiert.

Magnetischer Widerstand:
$$R_m = \frac{V}{\Phi} \; mit \; R_m = \frac{1}{\mu}\frac{l}{A}$$

Einheit des magnetischen Widerstandes:
$[R_m] = 1$ A/Vs $= 1/\Omega s = 1/\text{Henry} = 1/\text{H}$

R_m ist der Länge l des magnetischen Leiters proportional und der Fläche A umgekehrt proportional. Die *Permeabilität* μ ist materialabhängig und verkörpert die magnetische Leitfähigkeit. Sie ist das Produkt aus einer *Naturkonstanten*, der *magnetischen Feldkonstanten* μ_0 und einer weiteren Größe, der *Permeabilitätszahl* μ_r, die vom Material abhängig ist.

Permeabilität: $\mu = \mu_0\,\mu_r$
$\mu_0 = 1,256 \cdot 10^{-6}$H/m $= 0,4 \, \pi \cdot 10^{-6}$H/m

Der analog zum elektrischen Widerstand definierte magnetische Widerstand ist nur für nichtferromagnetische Stoffe, bei denen μ_r den kleinstmöglichen Wert 1 annimmt, konstant. Für ferromagnetische Stoffe ist $\mu_r > 1$ aber stark abhängig von der Größe des magnetischen Flusses. Es gilt daher für *ferromagnetische Stoffe* eine nichtlineare Abhängigkeit der Größen μ_r und R_m vom magnetischen Fluß.

$$R_m = f_1(\Phi), \; \mu_r = f_2(\Phi)$$

Die Permeabilitätszahl μ_r und damit auch die Permeabilität μ sind bei Ferromagnetika somit keine Konstanten. Die Abhängigkeit des magnetischen Flusses von der magnetischen Spannung ist nichtlinear. Die graphische Darstellung entspricht einer *Hystereseschleife* entsprechend Bild 3.6, wie später ausgeführt wird. In diesem Punkt weichen die Eigenschaften eines magnetischen Kreises erheblich von denen eines Stromkreises ab. Das Ohmsche Gesetz für Metalle zeichnet sich dagegen durch strenge Linearität der Strom-Spannungs-Kennlinie aus.

Für kleine Wechselgrößen kann der Anstieg der Tangente, d.h. der Differentialquotient, als dynamischer magnetischer Widerstand r_{md} verwendet werden:

$$r_{md} = \frac{dV}{d\Phi}$$

Die Reihenschaltung und die Parallelschaltung magnetischer Widerstände wird analog zum elektrischen Stromkreis berechnet. Das Bild 3.4 zeigt die Reihenschaltung von drei magnetischen Widerständen.

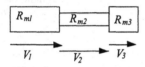

Bild 3.4 Reihenschaltung von magnetischen Widerständen $R_m = R_{m1} + R_{m2} + R_{m3}$

3.2 Magnetisches Feld

Aus der Strömungsgröße, dem magnetischen Fluß, wird die räumlich verteilte Größe, die *Flußdichte* oder *Induktion B* durch Differentiation nach der Fläche A gebildet.

Aus der Spannungsgröße V wird die *magnetische Feldstärke H* durch Differentiation nach der Länge oder den Weg s abgeleitet.

Flußdichte B

> *Flußdichtevektor:* $\vec{B} = \dfrac{d\Phi}{dA_N}$.
>
> *Einheit der Flußdichte:*
>
> $$[B] = 1\frac{Vs}{m^2} = 1\ \text{Tesla} = 1\ \text{T}.$$

Nikola Tesla, 1856-1943, kroatischer Techniker, wendete das Drehfeld zu Konstruktion kommutatorloser elektrischer Maschinen an und erfand den Hochfrequenztransformator.

Die formale mathematische Definition erfolgt analog zur Stromdichte S entsprechend Abschnitt 2.1.1. Die *Flußdichte* oder *Induktion* ist der Differentialquotient des Flusses nach der Fläche. Das Flächenelement dA_N muß senkrecht zur Flußrichtung angeordnet sein. Die Flußdichte ist ein Vektor der in Flußrichtung zeigt.

Den Fluß Φ bestimmt man durch Integration über das Skalarprodukt:

$$\Phi = \int \vec{B} d\vec{A} = \int B\cos\alpha\, dA$$

Dabei bedeutet hier dA einen beliebigen differentiellen Flächenvektor der in Richtung der Flächennormalen zeigt. Der Winkel α liegt zwischen den Vektoren B und dA.

Größenvorstellung: Erdfeld $B = 20\ \mu\text{T}$, Luftspalt elektrischer Maschinen

$$B = (1\ ...\ 2)\text{T}.$$

Die *Feldlinien* der Flußdichte B sind in sich *geschlossen* also ohne Anfang und Ende. Man bezeichnet ein solches Feld als ein *quellenfreies Wirbelfeld*.

Die *magnetische Feldstärke H* ist der Differentialquotient der magnetischen Spannung nach dem Weg. Sie zeigt als Vektor in Richtung des größten magnetischen Spannungsabfalls. Sie ist analog zur elektrischen Feldstärke E definiert.

> *Feldstärkevektor:* $\vec{H} = -\dfrac{dV}{d\vec{s}_N}$.
>
> *Einheit der Feldstärke:* $[H] = 1\dfrac{A}{m}$.

Die Feldlinien stehen senkrecht auf den *Äquipotentialflächen* der magnetischen Spannung. Die magnetische Spannung zwischen den Punkten A und B in einem Feld wird aus dem Feldstärkevektor durch Integration über den Weg bestimmt.

$$V_{AB} = \int_A^B \vec{H} d\vec{s} = \int_A^B H\cos\alpha\, ds.$$

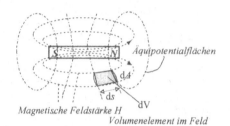

Bild 3.5 Magnetisches Feld eines Stabmagneten

Herleitung des Zusammenhangs zwischen B und H:

Für ein Volumenelement mit der Längsabmessung ds und dem Querschnitt dA im Bild 3.5 gilt:

$$dV = d\Phi\, R_m = d\Phi\, \frac{ds}{\mu dA}.$$

Durch Umstellung erhält man:

$$\mu \frac{dV}{ds} = \frac{d\Phi}{dA} , \qquad B = \mu\, H.$$

Die letzte Gleichung sagt aus, daß die magnetische Feldstärke H und die Flußdichte B als Vektoren zueinander proportional sind, d.h., die Felder sind bis auf die Proportionalitätskonstante μ gleich.

Wegen der Kontinuität des Flusses in einem magnetischen Kreis, der auch mit einem Luftspalt versehen sein kann, ist die Flußdichte bei gleichbleibendem Querschnitt überall konstant. Die Feldstärke nimmt daher im Luftspalt den sehr großen mit der relativen Permeabilitätskonstanten μ_r multiplizierten Wert $H_L = \mu_r\, H_{Fe}$ an.

3.3 Magnetische Eigenschaften der Materie

3.3.1 Allgemeines

Die bekannte magnetische Wirkung des elektrischen Stromes tritt auch bei nicht an Leiter gebundene bewegte Ladungen als ein begleitendes Magnetfeld auf. Die um einen Atomkern *kreisenden Elektronen* verursachen ein *atomares Magnetfeld*, dessen Feldstärkevektor senkrecht auf der Kreisbahn steht. Man spricht von einem *atomaren magnetischen Dipol*.

Die Richtungen der Feldstärkevektoren sind statistisch verteilt und heben sich in der Summe in nicht ferromagnetischen Stoffen auf. Paramagnetische Stoffe zeichnen sich durch eine sehr geringfügige Verstärkung des äußeren magnetischen Feldes aus. Diamagnetische Stoffe schwächen das magnetische Feld geringfügig.

Nichtferromagnetika		Ferromagnetika
paramagnetisch		weichmagnetisch
$\mu_r = 1+\Delta\mu_r$	$\Delta\mu_r$	Gußeisen:
Aluminium:	$21\ 10^{-6}$	$\mu_r = 200..600,$
Platin:	$330\ 10^{-6}$	Dynamoblech:
Sauerstoff:	$1,8\ 10^{-6}$	$\mu_r = 1000\text{-}7000,$
		Cobalt, Nickel:
		$\mu_r = 100 \dots 200.$
diamagnetisch		hartmagnetisch
$\mu_r = 1-\Delta\mu_r$	$\Delta\mu_r$	gehärteter Stahl,
Silber:	$25\ 10^{-6}$	Al-Ni-Co-Legie-
Kupfer:	$10\ 10^{-6}$	rung, Ferrite.
Wismut:	$176\ 10^{-6}$	
Wasser:	$9\ 10^{-6}$	

3.3.2 Ferromagnetismus, atomistische Grundlagen

Der Ferromagnetismus ist eine Kristalleigenschaft, die oberhalb der Curietemperatur (Fe: 780°C) verschwindet. Ferromagnetische Materialien bilden die sogenannten *Weißschen Bezirke* der Größe $(0,001 \dots 0,1)$ mm^3. Sie enthalten die große Zahl von $10^6 \dots 10^9$ atomaren magnetischen Dipolen, die spontan gleich ausgerichtet sind und daher eine starke magnetische Wirkung haben. Die Richtungen der Feldstärkevektoren sind wieder statistisch verteilt, ihre Wirkungen heben sich auf. Setzt man ferromagnetische Stoffe einer wachsenden magnetischen Feldstärke H aus, so tritt eine teils stetige, teils spontane Änderung der Bereichsgrenzen der Bezirke auf. Durch

Anwachsen der in Richtung des äußeren Magnetfeldes orientierten Bereiche erhöht sich die Flußdichte B des Magnetfeldes erheblich.

Sind alle Weißschen Bezirke infolge ihrer Kristallstruktur in Richtung der äußeren Feldstärke orientiert, erhöht sich die Flußdichte nur noch geringfügig proportional mit anwachsender Feldstärke, ein Sättigungseffekt tritt ein. Wird das äußere Feld wieder abgeschwächt, bleibt ein Restmagnetismus zurück, der bei $H=0$ mit *Remanenz* B_r bezeichnet wird. Eine Gegenfeldstärke, die *Koerzitivfeldstärke* H_c, ist erforderlich, um die Flußdichte auf Null zu bringen. Stoffe mit einer großen Remanenzinduktion eignen sich für Permanentmagneten.

Das hat zur Folge, daß die Funktionen $B = f(H)$ für die Aufmagnetisierung und für die Abmagnetisierung nicht übereinstimmen, sondern zueinander parallel verschoben sind. Ferromagnetika haben eine zweideutige nichtlineare Abhängigkeit zwischen B und H. Die graphische Darstellung in Bild 3.6 wird als *Hystereseschleife* bezeichnet. Im Vergleich dazu hat ein nichtferromagnetisches Material einen sehr flachen linearen Verlauf mit dem Anstieg $\tan\alpha \sim \mu_0$. Die genannten Eigenschaften eines ferromagnetischen Stoffes können wegen der Gleichung $B = \mu_0 \mu_r H$ nur in μ_r erfaßt werden. Die Permeabilitätszahl μ_r hängt daher nichtlinear von der Feldstärke H ab.

Im homogenen Feld eines Eisenkerns stimmt wegen $H = V_0/s = V_0/l_m$ und $B = \Phi/A$ die Hystereseschleife des Bildes 3.6 bis auf die konstanten Faktoren der Kernabmessungen l_m und A mit dem Fluß als Funktion der magnetischen Spannung überein.

$$\Phi = f_1(V_0) = f(V_0/l_m)/A .$$

Der magnetische Widerstand ist damit ebenfalls bei Ferromagnetika nicht konstant sondern eine Funktion des Flusses Φ.

Der Flächeninhalt, das Produkt $B \cdot H$ innerhalb der Hystereseschleife, hat die Einheit der Energiedichte Ws/m^3 und entspricht der *Verlustenergie* des vom Feld erfüllten Volumens beim vollständigen Durchlaufen der Hystereseschleife.

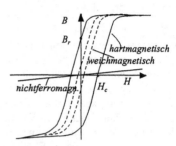

Bild 3.6 Hystereseschleife

Mit Wechselstrom erregte Elektromagneten oder Transformatorkerne werden periodisch ummagnetisiert. Durch Reibungseffekte beim Ummagnetisieren der Weißschen Bezirke wird Wärme erzeugt. Die *Ummagnetisierungsverluste* vermindern ebenso wie die durch Induktion auftretenden Wirbelstromverluste den Wirkungsgrad und erwärmen die Kernpakete bei Transformatoren und elektrischen Maschinen. Die Kernbleche haben nur dann niedrige Verluste, wenn sie *magnetisch weich* sind. Dann sind die Remanenzindukion und die Koerzitivfeldstärke klein.

3.3.3 Magnetische Werkstoffe

Magnetisch weiche Werkstoffe:

Die Hysteresekurve ist schmal, und eine große Anfangspermeabilität tritt auf. *Dynamoblech* hat diese Eigenschaften und wird für Transformatoren, elektrische Maschinen, Relais und Schützen (Fernschalttechnik) verwendet. Die Flußdichte nimmt Werte von (1 bis 2) Tesla an. Ähnliche günstige Eigenschaften hat auch *Silizium-Eisen*.

Ferrite werden für Spulen und Übertrager zur analogen Signalverarbeitung und -übertragung in der Informationstechnik eingesetzt. Sie werden aus pulverfömigem ferromagnetischen Ausgangsmaterial hergestellt. Ihre Eigenschaften sind niedrige elektrische Leitfähigkeit, feinporige Struktur, eine niedrige Curietemperatur und eine niedrige Flußdichte. Typische Werte sind 130°C und $B = 0{,}15$ T. Spulen in Schwingkreisen und elektrischen Filtern werden mit diesem Kernmaterial ausgeführt.

Magnetisch harte Werkstoffe:

Sie weisen ein hohes Produkt der Remanenz B_r mit der Koerzitivfeldstärke H_c auf und finden Anwendung als Permanentmagnete. Zu ihnen gehören *gehärteter Stahl* und eine Legierung aus Aluminium, Nickel und Cobalt mit dem Namen *Al-Ni-Co*. Diese Werkstoffe weisen als Kennwert z.B. eine maximal nutzbare Fläche von $(BH)_{max} = 56$ kWs/m^3 im 2. Quadranten des B-H-Diagramms, der Hystereseschleife, auf.

Permanentmagnete werden in Lautsprechern zur Erzeugung eines starken Magnetfeldes angewendet, in dem sich eine Tauchspule bewegt. In elektromechanischen Meßinstrumenten, z.B. in Drehspulamperemetern, werden ebenfalls Permanenentmagnete eingesetzt.

Entsprechend feinkörniges hartmagnetisches Material dient zur Beschichtung von Magnetbändern, Disketten und Festplatten zur magnetischen Speicherung analoger und digitaler elektrischer Signale .

3.3.4 Feldverhalten an Trennflächen unterschiedlicher Permeabilität

Trennfläche quer zum Feld:

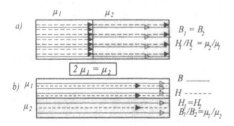

Bild 3.7 Feldverlauf von Stoffen mit unterschiedlicher Permeabilität a) Trennschicht senkrecht zum Feld b) parallel zum Feld

Der magnetische Fluß bleibt in beiden Materialien konstant, die Feldstärke ändert sich entsprechend $H = B/\mu$ und ist im Material mit der kleineren Permeabilität größer.

Trennfläche längs zum Feld:

Die magnetische Flußdichte ist in beiden Materialien unterschiedlich, sie ist im Material mit der größeren Permeabilität größer. Die Feldstärke hat in beiden Stoffen den gleichen Wert.

Feldlinien schräg zur Trennfläche:

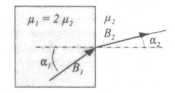

Bild 3.8 Brechungsgesetz für Feldlinien

Das *Brechungsgesetz* gilt für B und H:

$$\frac{\tan\alpha_1}{\tan\alpha_2} = \frac{\mu_1}{\mu_2}$$

Beim Übergang von einem hochpermeablen Stoff in einen niederpermeablen Stoff werden die Feldvektoren zum Einfallslot hin gebrochen. Im Bild 3.8 beträgt der Winkel $\alpha_2 = \arctan 0{,}5 = 26{,}6°$ wenn $\alpha_1 = 45°$ ist.

3.4 Berechnung von magnetischen Kreisen

3.4.1 Erregung durch den elektrischen Strom

Aus den Abmessungen eines Eisenkreises, wie dem Querschnitt des Kerns und der mittleren Länge des Eisenweges bei vorgebener Lage der Erregerspule, kann bei bekannter Permeabilitätszahl der magnetische Widerstand R_m bestimmt werden. Die magnetische Urspannung wird aus dem Strom und der Windungszahl der Spule bestimmt. Es gilt:

$$V_0 = I\,w$$

Beispiel: Eisenkreis mit Spule
Gegeben ist ein magnetischer Kreis nach Bild 3.9, der von einer Spule erregt wird, mit einem Luftspalt mit den vorgegebenen Abmessungen. Die Spule mit der Windungszahl $w = 400$ führt einen Strom von $I = 1$A, und die Permeabilitätszahl des Eisenkerns beträgt $\mu_r = 400$. Zu bestimmen sind die Flußdichte B und die Feldstärke H im Eisen und im Luftspalt.

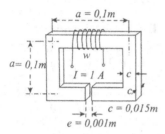

Bild 3.9 Eisenkreis mit Spule

Lösung:
Die Querschnittfläche beträgt
$$A = a^2 = 0{,}015 \cdot 0{,}015 = 225 \ 10^{-6} \ \text{m}^2.$$
Der mittlere Eisenweg hat die Länge
$$l = 4 \ a - e = 0{,}399\text{m}.$$
Der magnetische Widerstand setzt sich aus Kern und Luftspalt zusammen:
$$R_m = R_{m1} + R_{m2}$$
$$\text{Eisen: } R_{m1} = \frac{1}{\mu_0 A \mu_r} \frac{l}{} = 3{,}54 \ 10^6 \frac{1}{\text{H}},$$
$$\text{Luftspalt: } R_{m2} = \frac{e}{\mu_0 A} = 3{,}54 \ 10^6 \frac{1}{\text{H}},$$
$$R_m = R_{m1} + R_{m2} = 7{,}08 \ 10^6 \frac{1}{\text{H}}.$$

Magnetischer Fluß:
$$\Phi = \frac{V_0}{R_m} = I \frac{w}{R_m} = 0{,}0566\text{mVs}.$$

$$\text{Flußdichte } B : B = \frac{\Phi}{A} = 0{,}252\text{T}.$$
$$\text{Feldstärke, Eisen: } H_{Fe} = \frac{B}{\mu_0 \mu_r} = 500{,}7 \frac{\text{A}}{\text{m}}.$$

$$\text{Feldstärke, Luft: } H_L = \frac{B}{\mu_0} = 200{,}3 \frac{\text{kA}}{\text{m}}.$$

3.4.2 Erregung durch Dauermagneten

Unterschiedlich zu Bild 3.9 wird in Bild 3.10 die magnetische Urspannung durch einen Permanentmagneten erzeugt. Die Größe der Urspannung V_0, die der Leerlaufspannung eines "aktiven magnetischen Zweipols" entspricht ist das Produkt aus Koerzitivfeldstärke H_c und Länge l_0 des Dauermagneten: $V_0 = H_c \ l_0$.

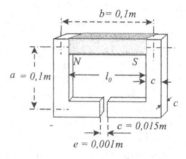

Bild 3.10 Eisenkreis mit Permanentmagnet

Bild 3.11 zeigt den 2. Quadranten der *B-H*-Kennlinie und die Abhängigkeit des magnetischen Flusses von der magnetischen Spannung des "aktiven magnetischen Zweipols".

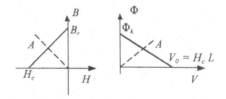

Bild 3.11 *B-H*-Kennlinie und Φ-*V*-Kennlinie des Permanentmagneten als "aktiven magnetischen Zweipol"

Die gestrichelte Arbeitsgerade ist die ebenfalls linearisierte Kennlinie des Weicheisenkreises mit Luftspalt.

Beispiel: Eisenkreis mit Permanentmagnet

Der zu berechnende magnetische Kreis hat ähnliche Abmessungen wie das Beispiel mit Spule nach Bild 3.9.

Gegeben sind die Koerzitivfeldstärke H_c = 6 kA/m und die Remanenzinduktion B_r = 1,2 T des Permanentmagneten. Näherungsweise soll der Teil der Hystereseschleife im 2. Quadranten der *B-H*-Kennlinie linear verlaufen. Die Berechnung der Flußdichte *B* und der Feldstärke *H* erfolgt ähnlich zum vorangegangenen Beispiel. Statt der durch den Strom erzeugten magnetischen Urspannung $V_0 = I\,w$ ist die magnetische Urspannung $V_0 = H_c\,l_0$, die von der Koerzitivfeldstärke herrührt, einzusetzen.

Der Innenwiderstand des Permanentmagneten ist $R_{m1} = H_c\,l_0\,/(B_r\,A)$. V_0 entspricht der "Leerlaufspannung" unter der Bedingung $B=0$, $\Phi=0$. Der Kurzschlußfluß $\Phi_k=B_r\,A$ tritt unter der Bedingung $H=0$ auf. Das erfordert den Kurzschluß der beiden Pole des Permanentmagneten mit einem sehr hochpermeablen Material.

Die Ergebnisse für die magnetischen Widerstände der Teilabschnitte, der Fluß und die Feldgrößen, sind im folgenden zusammengestellt.

$$Eisen: \quad R_{m1} = \frac{1}{\mu_0 A\,\mu_r}\,l = 2,698 \quad 10^6\,\frac{1}{H},$$

$$Magnet: \quad R_{m2} = \frac{H_c\,l_0}{B_r\,A} = 1,8889 \quad 10^6\,\frac{1}{H},$$

$$Luft: \quad R_{m3} = \frac{e}{\mu_0 A} = 3,539 \quad 10^6\,\frac{1}{H},$$

$$R_m = R_{m1} + R_{m2} + R_{m3} = 8,125 \quad 10^6\,\frac{1}{H}.$$

Magnetische Urspannung und Fluß :

$$V_0 = H_c l_0 = 6000 \cdot 0,085 = 510 A.$$

$$\Phi = \frac{V_0}{R_m} = 0,06277\,\text{mVs} = 62,77\mu\text{Wb}.$$

$$Flußdichte \quad : B = \frac{\Phi}{A} = 0,279 T.$$

Feldstärke

$$im \;\; Eisen: \;\; H_{Fe} = \frac{B}{\mu_0 \mu_r} = 555,28\,\frac{A}{m},$$

$$in \;\; Luft : \;\; H_L = \frac{B}{\mu_0} = 222,11\,\frac{kA}{m}.$$

3.5 Kopplung elektrischer und magnetischer Größen

3.5.1 Durchflutungsgesetz

Jeder Strom ist von einem Magnetfeld begleitet, wie in Bild 3.12 a gezeigt wird. Strom und Magnetfeld stellen eine Gesamterscheinung dar. Der magnetische Fluß umwirbelt den stromführenden Leiter. Es gilt die mathematisch positive Zuordnung. Danach wird dem Stromrichtungspfeil eine Flußrichtung entgegen dem Uhrzeigersinn zugeordnet. Diese Richtungszuordnung ist als *Rechte-Hand-Regel* oder *Rechtsschrauben-* bzw. *Korkenzieherregel* in der Elektrotechnik bekannt:

> *Hält man den Daumen der rechten Hand in Richtung des Stromes, so geben die gekrümmten Finger die Richtung des magnetischen Flusses an.*

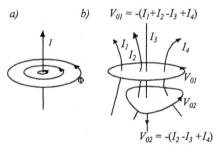

Bild 3.12 Durchflutungsgesetz, a) Strom vom Fluß umwirbelt, b) mehrere Ströme mit magnetischer Urspannung

In Bild 3.12 b sind einzelne Ströme dargestellt, die von verschiedenen Wegen umfaßt werden. Die entlang des Weges wirkende

Urspannung hängt allein von der Summe der vom Weg umfaßten Ströme ab.

Die Ursache des Flusses ist die magnetische Urspannung V_0, die längs eines Weges auf diesem verteilt wirkt. Sie kann daher als Integral der magnetischen Feldstärke H über den Weg ausgedrückt werden.

Das *Durchflutungsgesetz* oder 1. *Maxwellsche Gesetz* beschreibt den quantitativen Zusammenhang zwischen elektrischen Strömen und der magnetischen Urspannung. Es lautet:

> *Die magnetische Urspannung längs eines geschlossenen Weges ist gleich der vorzeichenbehafteten Summe aller elektrischen Ströme, die die von dem Weg umrandete Fläche durchfluten.*
>
> $-V_0 = \sum I_k = \oint \vec{H} d\vec{s}, \quad \int \vec{S} d\vec{A} = \oint \vec{H} d\vec{s}.$

Die Gleichung enthält auf der rechten Seite das Umlaufintegral der magnetischen Feldstärke entlang des Randes. Liegt ein Strömungsfeld vor, dann ist die Summe der Ströme durch das Integral der Stromdichte über die Fläche zu ersetzen.

3.5.2 Anwendung des Durchflutungsgesetzes

Das Durchflutungsgesetz ermöglicht in elementaren Fällen sofort die Berechnung der magnetischen Feldstärke.

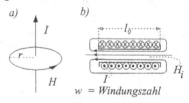

Bild 3.13 Anwendung des Durchflutungsgesetzes a) Feld eines geradlinigen Leiters b) Feld einer langen Zylinderspule

Wählt man den Integrationsweg so, daß auf ihm die Feldstärke H konstant ist, dann kann das Integral einfach als Produkt von Weg und Feldstärke berechnet werden. Das Bild 3.13 a zeigt eine Feldlinie im Abstand

r senkrecht zu einem unendlich langen, den Strom I führenden Leiter. Nach dem Durchflutungsgesetz gilt $H 2\pi r = I$. Daraus folgt für die magnetische Feldstärke:

$$H = I/(r 2\pi)$$

Das Bild 3.13 b zeigt eine *lange Zylinderspule* mit der Windungszahl w im Längsschnitt, deren Feldstärke im Inneren H_i näherungsweise nach dem Durchflutungsgesetz $H_i = I w / l_0$ ist.

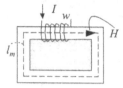

Bild 3.14 Magnetische Feldstärke einer Eisenkernspule

Der im Bild 3.14 gezeigte magnetische Kreis hat die magnetische Feldstärke:

$$H = I w / l_m.$$

Die innere grau markierte Fläche wird w mal von dem Strom I durchflutet.

Zur Berechnung der Feldstärke von linearen Leiteranordnungen endlicher Länge sei noch eine Formel angegeben, die als Spezialfall aus dem *Biot-Savartschen Gesetz* abgeleitet wird.

Das *Biot-Savartsche Gesetz* ist neben dem Durchflutungsgesetz eine zweite Möglichkeit die magnetische Feldstärke zu berechnen.

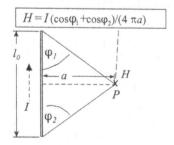

$$H = I (\cos\varphi_1 + \cos\varphi_2)/(4\,\pi a)$$

Bild 3.15 Magnetische Feldstärke eines geradlinigen Leiters endlicher Länge l_0

Die Feldstärke H, die durch einen beliebigen im Raum verlaufenden stromführenden Leiter endlicher Länge hervorgerufen wird, wird dabei in einem vorzugebenden Raumpunkt bestimmt. Im Bild 3.15 liegt ein geradliniges Leiterstück der Länge l_0 vor. Die Feldstärke H steht senkrecht auf der Zeichenebene und zeigt in sie hinein, angedeutet durch ein x im Punkt P. Die Länge l_0 wird durch die Winkel φ_1, φ_2 und den senkrechten Abstand a indirekt erfaßt. Im Grenzfall eines unendlich langen Leiters werden beide Winkel Null und man erhält die bereits bekannte Formel $H = I/(2\pi a)$. Das Gesetz ist in Bild 3.15 durch Einrahmung hervorgehoben.

3.6 Induktionsgesetz

Das Durchflutungsgesetz beschreibt quantitativ die Entstehung eines magnetischen Feldes durch Gleichstrom. Die Feldgrößen B und H sind zeitlich konstant.

Ändern sich die Feldgrößen zeitlich, so wird in einem in diesem Feld befindlichen Leiter eine Spannung induziert. Das *Induktionsgesetz* ist die Grundlage der großtechnischen Erzeugung von Elektroenergie. Es wurde von Faraday entdeckt. Zum tieferen Verständnis führen zwei von ihm durchgeführte Versuche.

Michael Faraday, 1791-1867, bedeutender englischer Physiker, entdeckte 1831 das Induktionsgesetz.

3.6.1 Ruheinduktion

Versuch nach Bild 3.16a:

Ein Dauermagnet wird an eine mit einem Widerstand R abgeschlossene ruhende Drahtschleife oder Spule mit der Geschwindigkeit v angenähert.

In der Spule wird ein Strom gemessen, dessen Richtung im Bild 3.16 angegeben ist. Der Bewegung des Dauermagneten wirkt eine Kraft entgegen. Nach dem Durchflutungsgesetz entsteht auf der dem Magneten zugewandten Seite ein gleichnamiger magnetischer Pol.

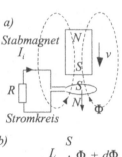

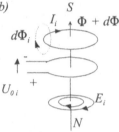

Bild 3.16 Induktionsgesetz a) Bewegen eines Stabmagneten zu einer Spule hin b) Änderung des magnetischen Flusses

Dieser Pol wirkt abstoßend, die Annäherung des Magneten erfordert eine Kraft. Dabei wird mechanische Energie in elektrische Energie umgewandelt. Eine Spannungsquelle ist entstanden.

Die Bewegung des Stabmagneten bewirkt eine Erhöhung des magnetischen Flusses. Im Bild 3.16 b wird der Versuch auf eine *ruhende Anordnung* zurückgeführt, bei der innerhalb einer Spulenwindung der Fluß um dΦ erhöht wird. In der oben dargestellten Kurzschlußschleife fließt der induzierte Strom I_i. An den Klemmen der offenen Drahtschleife in der Mitte wird eine Spannung U_{0i} induziert. Unten wird dargestellt, daß auch ein von einem Isolator erfüllter Raum, der den sich erhöhenden Flußdichtevektor B umgibt, mit einer induzierten elektrischen Feldstärke E_i erfüllt wird.

Beim Enfernen des Magneten von der Drahtwindung, d.h. bei Verminderung der Flußdichte B, kehrt der induzierte Strom und damit auch die induzierte Spannung und die elektrische Feldstärke die Richtung um.

Der Versuch zeigt: Durch Erhöhung des magnetischen Flusses oder durch Änderung des Flusses um +dΦ fließt in der Drahtschleife ein Strom im Uhrzeigersinn. Die Richtungszuordnung des induzierten Stromes zum Flußdichtevektor B ist mathematisch negativ oder entgegen der "Rechte-Hand-Regel". Deshalb wird auch das Induktionsgesetz mit einem negativen Vorzeichen formuliert. Die Drahtschleife wird durch eine Spule mit w Windungen ersetzt, wodurch die Wirkung um das w-fache erhöht wird. Das Induktionsgesetz wird auch als 2. *Maxwellsche Gleichung* bezeichnet.

James Clerk Maxwell, 1831-1879, bedeutender englischer theoretischer Physiker, formulierte die Maxwellschen Gleichungen und sagte die Existenz elektromagnetischer Wellen voraus.

Induktionsgesetz, 2. Maxwellsche Gleichung:

$$U_{0i} = -w\frac{d\Phi}{dt} = -w\frac{d(B\,A)}{dt} \quad (1)$$

$$U_{0i} = \int \vec{E}\,d\vec{s} = -\int \frac{\partial \vec{B}}{\partial t}\,d\vec{A} \quad (2)$$

Die Gleichung (1) sagt aus, daß die induzierte Spannung proportional der Änderungsgeschwindigkeit des magnetischen Flusses ist. Die Spannung wird durch das aus der Elektrostatik bekannte Wegintegral der elektrischen Feldstärke ersetzt. Die so entstandene Gleichung (2) besagt, daß bei nicht vorhandenem Leiter die Änderung der Flußdichte eine induzierte elektrische Feldstärke E_i bewirkt. Die Flußänderung wurde durch die Änderung der Flußdichte B ersetzt. Aus dieser Darstellungsform erkennt man: auch eine Änderung der Fläche, die von B durchsetzt wird, führt zur Induktion einer Spannung. Die Flächenänderung ist mit der Bewegung eines Leiters im Magnetfeld nach Bild 3.17 verbunden. Diese Überlegungen führen unmittelbar zur *Bewegungsinduktion.*

Die bereits diskutierte Vorzeichenfrage wurde als die *Lenzsche Regel* formuliert:

Die Induktionswirkung ist stets der Ursache entgegen gerichtet.

Der induzierte Strom erzeugt nach dem Durchflutungsgesetz einen magnetischen Fluß, der einer weiteren Flußerhöhung entgegen wirkt. Eine Flußverminderung bewirkt dagegen eine Umkehr der Richtung des induzierten Stromes. Er wirkt dem Feldabbau entgegen. Die Lenzsche Regel ist eine unmittelbare Konsequenz des *Energieerhaltungssatzes.*

3.6.2 Bewegungsinduktion

Versuch nach Bild 3.17 a:

Wird ein Leiter der Länge l senkrecht zu den Feldlinien eines homogenen Magnetfeldes B gleichförmig mit der Geschwindigkeit v bewegt, so wird an seinen Enden eine Spannung $U_{0i} = v\,B\,l$ induziert. Diese Spannung wird über zwei Kontaktschienen an den Widerstand R angelegt.

Die Flußdichte B ist durch Punkte gekennzeichnet, die senkrecht aus der Bildebene herauskommende Pfeilspitzen darstellen sollen. B und v stehen senkrecht aufeinander. Dreht man den Vektor v in die Richtung des Vektors B, so zeigt der induzierte Strom I_i in Richtung der Bewegung einer Rechtsschraube senkrecht zur B-v-Ebene. Hierfür wurde die *Dreifingerregel der rechten Hand* formuliert.

Hält man den Daumen der gespreizten drei Finger der rechten Hand in Richtung der Geschwindigkeit v und den Zeigefinger in Richtung der Flußdichte B, so zeigt der Mittelfinger in Richtung des induzierten Stromes I_i.

Diese *zweite Form des Induktionsgesetzes* kann auf die erste Form zurückgeführt werden. Der bewegte Leiter umschließt mit dem Widerstand R und seinen Kontaktschienen eine Fläche $A = l\,s$, die je nach Bewegungsrichtung vergrößert oder verkleinert wird. Die Flußdichte B bleibt konstant, die durchflutete Fläche ändert sich durch Änderung der Seite s. Der magnetische Fluß ist durch das Produkt aus Flußdichte B und Fläche A zu ersetzen. Die Differentiation wird nur auf die Fläche A angewendet.

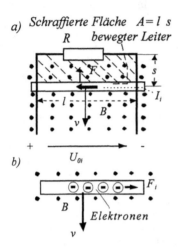

a) *Schraffierte Fläche $A = l\ s$*
    bewegter Leiter

b)

Bild 3.17 Bewegungsinduktion a) Bewegung eines Leiters auf Kontaktschienen b) Erklärung der Induktion mit der Lorentzkraft auf bewegte Elektronen

Der induzierte Strom I_i entspricht dem Transport der Elektronen entgegen der Stromrichtung. Das dadurch aufgebaute elektrische Feld und die damit verbundene Spannung wirken dem induzierten Strom entgegen, es liegt eine Spannungsquelle vor.

Bewegungsinduktion nach Bild 3.17:

$$U_{0i} = B\frac{\mathrm{d}A}{\mathrm{d}t} = Bl\frac{\mathrm{d}s}{\mathrm{d}t} = vBl. \qquad (1)$$

Vektordarstellung, Spatprodukt:

$U_{0i} = (\vec{v} \times \vec{B})\vec{l}$,

$U_{0i} = (vB\sin\alpha)l\cos\beta \qquad (2)$

mit $E_i = (\vec{v} \times \vec{B})$.

α *Winkel zwischen v und B,*

β *Winkel zwischen E_i und l,*

Spezialfall: $\alpha = 90°$, $\beta = 0°$: $U_{0i} = vBl$.

Die *Richtungsbedingungen* werden im Allgemeinfall, daß v und B den Winkel α einschließen, mit einer *Vektorgleichung* erfaßt. Im *Vektorprodukt* aus v und B wird bei der Betragsbildung der Winkel zwischen beiden Vektoren durch $\sin\alpha$ berücksichtigt. Das Vektorprodukt stellt die induzierte elektrische Feldstärke E_i dar. Dieser Vektor schließt im allgemeinen ebenfalls einen Winkel β mit dem Längenvektor l des bewegten Leiters ein. Im Skalarprodukt wird dieser Winkel durch $\cos\beta$ berücksichtigt. Das *Dreifachprodukt* wird auch als Spatprodukt bezeichnet, weil es das Volumen des von den drei Vekoren gebildeten, mit Spat bezeichneten Körpers bestimmt.

Das Induktionsgesetz in dieser Form kann auch aus der *Kraftwirkung eines Magnetfeldes auf bewegte Ladungen* erklärt werden. Dieses Gesetz wurde von Lorentz formuliert, man spricht von *Lorentzkraft*. Eine mit der Geschwindigkeit v bewegte positive Ladung erfährt in einem Magnetfeld eine Kraft. Die Richtung wird in der gleichen Weise ermittelt wie bei der Bewegungsinduktion. Die gemeinsame Ursache für beide Gesetze ist die induzierte Feldstärke E_i. Die Kraft F steht senkrecht auf der Ebene der beiden Vektoren v und B und zeigt in die Bewegungsrichtung einer Rechtsschraube, wenn v in B hineingedreht wird. Es gilt sinngemäß die bereits genannte Dreifingerregel der rechten Hand, wenn v senkrecht zu B steht. Sie hat die Stärke $F = Q\,v\,B$.

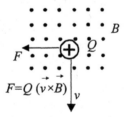

Bild 3.18 Lorentzkraft, Kraft auf eine mit der Geschwindigkeit v bewegte positive Ladung Q im magnetischen Feld

Die allgemeinere Form der Gleichung für die Lorentzkraft, wenn v und B einen beliebigen Winkel einschließen, wird wieder mit dem Vektorprodukt aus der Geschwindigkeit und der Flußdichte formuliert.

Induzierte elektrische Feldstärke: $\vec{E} = \vec{v} \times \vec{B}$,

Lorentzkraft: $\vec{F} = Q\vec{E} = Q(\vec{v} \times \vec{B})$.

Spezialfall v steht senkrecht auf B: $F = QvB$.

Die Verwandtschaft der beiden Gesetze läßt vermuten, daß die Induktion eine Auswirkung der Lorentzkraft ist. Bewegt man einen metallischen Leiter im Magnetfeld entsprechend Bild 3.17 b, so werden seine freien Elektronen mit dem Geschwindigkeitsvektor v gemeinsam mit dem Leiter bewegt, man spricht von einem *Konvektionsstrom*. Die Elektronen als negative Ladungen erfahren eine Lorentzkraft in der zum Strom I_i entgegengesetzten Richtung. Am rechten Drahtende entsteht ein Überschuß an Elektronen und damit ein Minuspol, links tritt Elektronenmangel und damit ein Pluspol auf. Zwischen beiden Drahtenden entsteht somit die Induktionsspannung U_{0i}.

Die Lorentzkraft wirkt auch auf einen stromdurchflossenen Leiter im Magnetfeld. Bild 3.19 veranschaulicht das *Elektrodynamische Kraftgesetz*. Bewegt sich eine Ladungsmenge Q in der Zeit Δt vom Stabanfang zum Stabende, dann hat sie die Geschwindigkeit $v = l/\Delta t$. Die Gleichung für die Lorentzkraft wird dann wegen $Q/\Delta t = I$:

$$F = Q\,v\,B = Q\ (l/\Delta t)\ B = I\,B\,l.$$

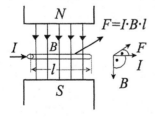

Bild 3.19 Elektrodynamisches Kraftgesetz

In Bild 3.17 fließt ein Induktionsstrom durch den bewegten Leiter, weil der Stromkreis geschlossen ist. Die Lorentzkraft wirkt der Bewegung des Leiters entgegen und damit bremsend. Die Bewegung gegen

eine Kraft stellt eine Arbeit dar. Mechanische Energie wird in elektrische Energie gewandelt.

Die Größen I, B und F bilden in dieser Reihenfolge ein Rechtssystem. Es gilt die Dreifingerregel. Das Induktionsgesetz und das elektrodynamische Kraftgesetz sind die Grundlage der großtechnischen Elektroenergieerzeugung durch Wandlung mechanischer Energie in elektrischen Generatoren.

Mit Hilfe der Relativitätstheorie hat Lorentz die Kraft auf bewegte Ladungen direkt auf eine elektrostatische Kraft zurückgeführt. Auf die Darstellung dieser umfangreichen Theorie wird hier verzichtet.

3.6.3 Anwendungen des Induktionsgesetzes

Ein Beispiel für die *Ruheinduktion* ist der *Transformator*, er dient zum Umspannen von Wechselspannungen. Auf einem gemeinsamen Kern aus Weicheisenblechen befinden sich zwei Wicklungen, eine Primärwicklung, die vom zeitlich veränderlichen Strom $I(t)$ durchflossen wird und eine Sekundärwicklung , in der eine Spannung U_{0i} induziert wird.

Der veränderliche Strom, gekennzeichnet durch den Differentialquotienten dI/dt, bewirkt nach dem Durchflutungsgesetz einen veränderlichen Fluß $d\Phi/dt$. In der Sekundärwicklung wirkt das Induktionsgesetz. Diese stark vereinfachte Darstellung des leerlaufenden Transformators vernachlässigt die Rückwirkung der Flußänderung auf die sie verursachende Primärspule, die *Selbstinduktion*.

Ein Beispiel für die Bewegungsinduktion ist die im *parallelhomogenen Feld* mit der Winkelgeschwindigkeit ω *rotierende Leiterschleife* entsprechend Bild 3.20.

An den Enden der Leiterschleife wird eine Sinusspannung mit der Kreisfrequenz ω induziert. Die wirksame vom Fluß senkrecht durchsetzte Fläche $A(t)$ ändert sich als Projektion der Schleifenfläche $A_0 = 2\,r\,a$ auf die

x-Achse mit dem cos des Drehwinkels α.
Der Drehwinkel α entspricht der Winkelgeschwindigkeit ω multipliziert mit der Zeit.

Die Herleitung der induzierten Spannung
kann den folgenden Gleichungen entnommen werden.

$$A(t) = 2ra\cos\alpha, \quad \alpha = \omega t,$$

$$\Phi(t) = BA(t), \quad \Phi(t) = B2ra\cos\omega t,$$

$$U_{0i} = -\frac{\mathrm{d}\Phi}{\mathrm{d}t} = \omega B2ra\sin\omega t.$$

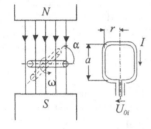

Bild 3.20 Rotierende Drahtschleife im parallelhomogenen Feld

Dieser Modellversuch zur Erzeugung von
Wechselspannungen wurde technisch zum
Generator weiterentwickelt.

Elektrischer Generator

In den gleichmäßig auf dem Umfang verteilten Nuten eines zylindrischen Eisenkerns, des Läufers, sind stabförmige Wicklungen eingelassen. Rotiert der Läufer im
Bild 3.21 mit konstanter Winkelgeschwindigkeit im *radialhomogenen Feld des Stän-
ders*, so entsteht an den Enden einer einzelnen Wicklung eine Spannung, die nach
jeder halben Umdrehung die Polarität
wechselt.

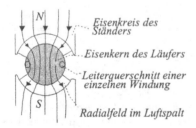

Bild 3.21 Wirkungsprinzip und Feld eines
elektrischen Generators

Die Spannung, die an getrennten Schleifringen entnommen werden kann, ist trapezför-
mig. Die einzelnen Windungen werden so
zusammengeschaltet, daß der Generator
eine sinusförmige Wechselspannung
abgibt.

Weitere Anwendungen des Induktionsgesetzes sind der Wiedergabekopf eines
Magnetbandgerätes, die Aufhebung der
magnetischen Störspannung in einer
verdrillten zweiadrigen Leitung und die
Entstehung von Wirbelströmen in Eisenker-
nen, die einem magnetischen Wechselfeld
ausgesetzt sind.

3.7 Wechselwirkung elektri-
scher und magnetischer
Größen

3.7.1 Selbstinduktion

Nach dem Durchflutungsgesetz bewirkt ein
sich ändernder Strom in einer Spule eine
proportionale sich ändernde magnetische
Flußdichte $B(t)$, die nach dem Induktionsgesetz wieder eine elektrische Spannung in
der Spule induziert. Bei der *Selbstinduktion*
wird die Rückwirkung einer Stromänderung auf die Windungen der eignen Spule
betrachtet.

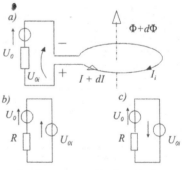

Bild 3.22 Selbstinduktion a) Drahtschleife bei
veränderlichem Strom b) Ersatzschaltungen
mit Spannungsquelle bei Stromerhöhung
c) bei Stromabsenkung

Das Bild 3.22 a) zeigt eine einzelne Spulenwindung, die einen ansteigenden Strom

führt. Dieser Strom erzeugt einen ansteigenden magnetischen Fluß, der den Induktionsstrom I_i induziert. Er ist nach der Lenzschen Regel so gerichtet, daß er der Erhöhung der Flußdichte entgegen wirkt und damit den äußeren Strom vermindert.

Im Ersatzschaltbild b) wird die Spulenwindung durch eine Spannungsquelle ersetzt, die der äußeren Spannung entgegenwirkt.

Bei Abnahme des Feldes in c) ist die Spannung so gerichtet, daß sie dem Feldabbau entgegen wirkt und die äußere Spannung unterstützt. An den Klemmen der Drahtschleife wirkt dieses Verhalten wie ein Widerstand, der nur bei Stromänderung auftritt und daher bei Wechselstrom in Erscheinung tritt.

Die quantitative Formulierung der Zusammenhänge erfordert die Verknüpfung von Durchflutungsgesetz und Induktionsgesetz. Das beschreiben die in der folgendenTafel zusammengestellten Gleichungen.

$$Durchflutungsgesetz\!: \Phi = \frac{V_0}{R_m} = I\frac{w}{R_m};$$

$$Induktionsgesetz\!: U_{0i} = -w\frac{d\Phi}{dt}\frac{1}{R_m} = -L\frac{dI}{dt};$$

$$Induktivität\!: L = \frac{w^2}{R_m}\,,\quad (1)\qquad LI = w\Phi.\quad (2)$$

Die Induktivität L tritt als Proportionalitätsfaktor auf.

Die Einheit der Induktivität ist Henry :
$[L]$= 1 Henry = 1 H = 1 Vs/A = 1 Ωs.

Joseph Henry, 1797-1878, amerikanischer Naturwissenschaftler, Entdecker der Selbstinduktion.

Die Eigenschaft der Spule, bei Stromänderung eine Spannung zu induzieren, wird quantitativ durch die *Induktivität L* beschrieben. Ihr ist ein Schaltungssymbol nach Bild 3.23 zugeordnet dessen Wirkung wie folgt beschrieben wird:

Die Spannung an einer Induktivität ist der Änderungsgeschwindigkeit des Stromes proportional.

Bild 3.23 Schaltungssymbole für die Induktivität

Die Induktivität ist bei Spulen mit der Windungszahl w durch die Gleichung (1) definiert. Für andere Leiteranordnungen, z.B. für die Koaxialleitung und die Zweidrahtleitung des Bildes 3.27, ist Gleichung (2) besonders geeignet. Hierbei geht man vom Strom I aus, bestimmt die Feldstärke H, die Flußdichte B und daraus den magnetischen Fluß Φ.

Beurteilt man die Richtung der induzierten Spannung vom äußeren Stromkreis her, so widersetzt sie sich dem Stromfluß und wirkt wie ein Spannungsabfall. Die *Strom-Spannungsgleichung für die Induktivität* lautet daher:

$$U = L\frac{dI}{dt}$$

Zur Erklärung der Wirkung einer Induktivität kann auch eine *Energiebetrachtung* dienen. Eine Stromerhöhung bedeutet Erhöhung der Flußdichte. *Elektrische Energie* wird dem Stromkreis entnommen und im Feld als *magnetische Energie* gespeichert. Bei einer Absenkung des Stromes wird die magnetische Energie wieder in elektrische Energie zurückverwandelt.

In elektrischen Schaltungen verhält sich eine Induktivität analog zum Widerstand. In Reihe geschaltete Induktivitäten werden zur Gesamtinduktivität addiert. Bei parallel geschalteten Induktivitäten werden die reziproken Induktivitäten zur reziproken Gesamtinduktivität addiert. Diese Regeln gelten streng nur, wenn die Spulen nicht magnetisch miteinander verkoppelt sind.

3.7.2 Berechnung von Induktivitäten

Bei der Berechnung von Induktivitäten geht man häufig von der Formel $L = w^2/R_m$ aus.

Beispiel 1: Induktivität einer langen Zylinderluftspule

Der gesamte magnetische Widerstand ist näherungsweise gleich dem magnetischen Widerstand im Inneren der Spule $R_m = l/(A\mu_0)$

$$\text{Induktivität } L = \frac{w^2}{R_m} = \frac{w^2\mu_0 A}{l}$$

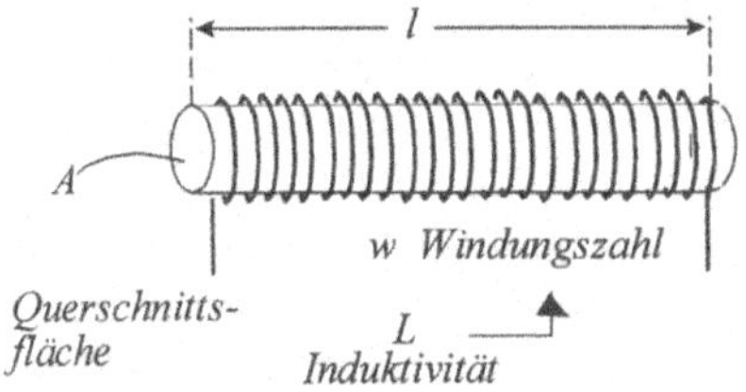

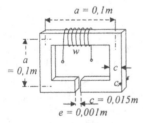

Bild 3.24 Lange Zylinderspule

Beispiel 2: Induktivität einer Eisenkern-Drosselspule:

Drosselspulen dienen der *Glättung pulsierender Gleichströme* bei der Gleichrichtung. Sie haben eine hohe Induktivität und stellen bereits bei der Netzfrequenz einen *hohen* induktiven *Wechselstromwiderstand* dar.

Bild 3.25 Beispiel: Drosselspule mit Luftspalt

Die im Bild 3.25 dargestellte Eisenkernspule, deren magnetischer Widerstand $R_m = 7{,}08 \cdot 10^6$ 1/H bereits für Bild 3.9 berechnet wurde, soll eine Windungszahl $w = 4000$ aufweisen. Dann berechnet man eine Induktivität von

$$L = w^2/R_m = 16 \cdot 10^6 /(7{,}08 \cdot 10^6) = 2{,}263 \text{ H}$$

Technische Anwendungen:

In der Informationstechnik werden Schalenkernspulen mit Ferriten als Kernmaterial angewendet. Die Spule ist in Topfform vom Ferritkern umgeben und damit magnetisch gut geschirmt sowohl hinsichtlich äußerer Felder als auch hinsichtlich der Störwirkung nach außen. Die Berechnung des magnetischen Widerstandes ist hier komplizierter. Er besteht aus einer Reihenschaltung von Innenkern, Deckel und Außenmantel.

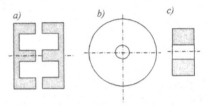

Bild 3.26 Schalenkernspule a) Kerne im Schnittbild b) Seitenansicht c) Spule im Schnittbild

Durch Parallelschaltung oder Reihenschaltung von Spulen mit Kondensatoren werden *Schwingkreise* aufgebaut, die in der Elektronik und in *Filterschaltungen* eingesetzt werden.

Die Spule ist ein wichtiges Bauelement zum Aufbau von Selektivschaltungen. Das Ersatzschaltbild einer Spule besteht näherungsweise aus der Reihenschaltung einer Induktivität L und eines Widerstandes R.

Induktivitäten von Leitungen:

Leitungen bilden ebenfalls ein Magnetfeld aus und haben daher eine Induktivität. Im Bild 3.27 sind die Querschnitte von einer *Koaxial-* und einer *Zweidrahtleitung* mit der Länge l dargestellt. Die Formeln werden ohne Beweis angegeben.

a) Koaxialkabel: $\quad L = \mu_0 \dfrac{l}{2\pi} \ln\dfrac{r_a}{r_i}$,

b) Zweidrahtleitung: $\quad L = \mu_0 \dfrac{l}{\pi} \ln\dfrac{a - r_0}{r_0}$.

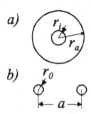

Bild 3.27 Induktivitäten von Leitungen der Länge *l*, Schnittdarstellung a) Koaxialkabel b) Zweidrahtleitung

3.7.3 Gegeninduktion

Sind *mehrere Spulen* oder Drahtschleifen *magnetisch miteinander verkoppelt,* so hat die Stromänderung in einer dieser Spulen neben der *Rückwirkung* auf diese Spule selbst auch Auswirkungen auf die anderen Spulen. Man spricht von Gegeninduktion. Dieser Fall soll am Beispiel zweier Drahtschleifen veranschaulicht werden.

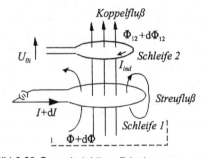

Bild 3.28 Gegeninduktion, Prinzip

Wird die Schleife 1 von einem veränderlichen Strom durchflossen, so wird in der Schleife 2 eine Spannung induziert. Nur ein Teil des von der Schleife 1 herrührenden Flusses, der Koppelfluß, durchdringt die Schleife 2 und induziert dort die Spannung U_{0i}. Das Verhältnis von Teilfluß zu Gesamtfluß, der Koppelfaktor k_1, kann maximal Eins werden, wenn die Spulen z.B. durch einen Eisenkreis magnetisch fest miteinander gekoppelt sind. Für magnetisch geschirmte entkoppelte Spulen ist $k_1=0$.

Quantitativ wurden diese Zusammenhänge in der Tafel formuliert. Hierbei wurde angenommen, daß die Schleifen jeweils w_1

bzw. w_2 Windungen haben. Der von Schleife 1 ausgehende Fluß gelangt nur teilweise als Koppelfluß Φ_{12} in die Drahtschleife 2. Dieser Teilfluß kann nach dem Durchflutungsgesetz aus dem Strom I_1 berechnet werden. Die beiden Windungszahlen w_1 und w_2 sind im Bild 3.28 mit Eins angenommen. Der sich ändernde Koppelfluß induziert in der Drahtschleife 2 eine Spannung U_{0i}.

$$Koppelfluß: \Phi_{12}=k_1\Phi_1=k_1\frac{I_1w_1}{R_{m1}}, \qquad (1)$$

k_1 Koppelfaktor.

Induzierte Spannung:

$$U_{0i}=w_2\frac{d\Phi_{12}}{dt}=\frac{w_1w_2}{R_{m1}}k_1\frac{dI_1}{dt}=M_{12}\frac{dI_1}{dt}, \quad (2)$$

$$Gegeninduktivität: \ M_{12}=\frac{w_1w_2}{R_{m1}}k_1. \qquad (3)$$

Aus (2) folgt: $w_2\Phi_{12}=M_{12}I_1=MI_1$.

Experimentell und theoretisch kann gezeigt werden, daß bei einer Vertauschung der Rollen der beiden Schleifen die Gegeninduktivität den gleichen Wert annimmt. Auf die Indizes kann somit verzichtet werden.

$$M = M_{21} = M_{12}.$$

In diesem Fall wird in Schleife 2 ein Strom eingespeist, und in Schleife 1 wird die Spannung induziert. Zur Beschreibung der Kopplung zweier Spulen genügen der Koppelfaktor k und die Gegeninduktivität M.

$$M=M_{12}=M_{21}=\frac{w_1w_2}{R_m}k=k\sqrt{L_1L_2};$$

$$\frac{k_1}{R_{m1}}=\frac{k_2}{R_{m2}}, \ k=\sqrt{k_1k_2}.$$

3.7.4 Transformator

Die Gegeninduktivität tritt hauptsächlich beim Transformator auf. Hier geht man wieder von der Anordnung mit zwei Drahtschleifen entsprechend Bild 3.29 aus, wobei aber beide Schleifen einen Strom führen sollen.

Die Schleife 1 wird von dem durch ihren Strom erzeugten Fluß Φ_1 und dem Koppelfluß der anderen Spule Φ_{21} durchsetzt. Gleiches gilt sinngemäß für die Schleife 2.

Im Transformator nach Bild 3.30 wurden die Schleifen durch Spulen mit den Windungszahlen w_1 und w_2 ersetzt, die mit einem Eisenkern fest verkoppelt sind.

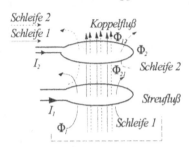

Bild 3.29 Wechselwirkung zweier einen veränderlichen Strom führender Spulen

Der Punkt bedeutet die Markierung des Wicklungsanfangs und dient zur Definition des Wickelsinns. Bei *gleichem Wickelsinn* erzeugen die in die markierten Anschlüsse hineinfließenden Ströme einen gleichsinnigen Fluß im Kern. Die willkürliche Festlegung des Zählpfeiles des Sekundärstromes besagt, daß beide Wicklungen Leistung verbrauchen und alle Vorzeichen in der Transformatorgleichung positiv sind. Sie widerspricht aber dem praktischen Fall, bei dem die Sekundärwicklung als Quelle wirkt und Leistung abgibt.

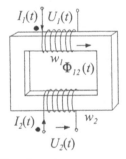

Bild 3.30 Transformator

Zunächst werden die Gleichungen für den Gesamtfluß jeder Schleife aufgestellt. Die Multiplikation mit der jeweiligen Win-

dungszahl und die Differentiation nach der Zeit ermöglichen die Anwendung des Induktionsgesetzes und führen zu den Transformatorgleichungen.

Gesamtfluß Schleife 1:

$$\Phi_{1g} = \Phi_1 + \Phi_{21},$$

Gesamtfluß Schleife 2:

$$\Phi_{2g} = \Phi_2 + \Phi_{12}.$$

Fluß–Induktivität:

$$\Phi_1 w_1 = L_1 I_1,$$

Koppelfluß–Gegeninduktivität:

$$\Phi_{12} w_2 = M_{12} I_1.$$

Beim Koppelfluß kennzeichnet der erste Index die Sendeschleife und der zweite Index die Empfangsschleife.

Die *Transformatorgleichungen* stellen ein *System von Differentialgleichungen* erster Ordnung dar. Die Drahtwiderstände der Wicklungen wurden vernachlässigt. In diesem Idealfall des verlustfreien Transformators ist die Eingangsleistung gleich der Ausgangsleistung und daher das Verhältnis der Ströme umgekehrt proportional dem Verhältnis der Spannungen. Berücksichtig werden aber die Induktivitäten der Primär- und Sekundärwicklung und ein Koppelfaktor der gegebenenfalls kleiner als Eins ist.

Im Leerlauf der Sekundärwicklung ist in den Gleichungen $I_2 = 0$ zu setzen und die Division beider Gleichungen ergibt:

$$U_1 = w_1 \frac{d\Phi_{1g}}{dt} = L_1 \frac{dI_1}{dt} + M_{21} \frac{dI_2}{dt},$$

$$U_2 = w_2 \frac{d\Phi_{2g}}{dt} = L_2 \frac{dI_2}{dt} + M_{12} \frac{dI_1}{dt}.$$

In den Gleichungen verdeutlichen die Indizes der Gegeninduktivitäten nur die Herleitung. Sie werden wegen $M_{12} = M_{21} = M$ weggelassen.

Die *Vorzeichen* in den Transformatorgleichungen gelten dafür, daß *beide Wicklungen* von außen *gespeist* werden. Beim praktischen Einsatz des Transformators wird der Sekundärwicklung ein Strom entnommen, sie wirkt selbst wieder als Quelle. Dafür ist der Zählpfeil für I_2 umzukehren. In den Gleichungen muß I_2 durch $-I_2$ ersetzt werden.

> *Allgemeine Transformatorgleichungen:*
>
> $$U_1 = L_1 \frac{dI_1}{dt} - M \frac{dI_2}{dt},$$
>
> $$U_2 = M \frac{dI_1}{dt} - L_2 \frac{dI_2}{dt}.$$

Das Übersetzungsverhältnis wird als Verhältnis der Windungszahlen definiert. Für den verlustfreien und streufreien Transformator ist dieses Verhältnis gleich dem Spannungsverhältnis im Leerlauf und dem Stromverhältnis im Kurzschluß.

> *Übersetzungsverhältnis, Definition:*
>
> $$\ddot{u} = \frac{w_1}{w_2}.$$
>
> *Spannungsverhältnis im Leerlauf:*
>
> $$\frac{U_1}{U_2} = \frac{L_1}{M} = \frac{L_1}{k\sqrt{L_1 L_2}}\Bigg|_{k=1} = \sqrt{\frac{L_1}{L_2}} = \ddot{u},$$
>
> *Stromverhältnis bei Kurzschluß:*
>
> $$\frac{I_1}{-I_2} = \frac{L_2}{M} = \frac{L_2}{k\sqrt{L_1 L_2}}\Bigg|_{k=1} = \frac{1}{\ddot{u}},$$
>
> *feste Kopplung:* $k=1$, $\ddot{u} = \sqrt{\frac{L_1}{L_2}}.$

Die Formeln drücken das Übersetzungsverhältnis durch die Induktivität und die Gegeninduktivität aus. Bei fester Kopplung der Spulen wird der Streufluß, entsprechend der Theorie zur Gegeninduktivität, Null, der Koppelfaktor wird Eins und die Induktivitäten verhalten sich wie die Quadrate der Windungszahlen.

Beim *idealen Transformator* nimmt man zusätzlich an, daß der magnetische Widerstand $R_m = 0$ ist und die Induktivitäten unendlich groß werden.

3.8   Schaltvorgang an einer Induktivität

Die Strom-Spannungs-Gleichung einer Induktivität besagt: die Spannung ist proportional dem Differentialquotienten des Stromes. Im Bild 3.31 soll eine Induktivität über den Widerstand R eingeschaltet werden. Dieser Widerstand R wird als Reihenschaltung des Innenwiderstandes der Quelle und des Drahtwiderstandes der Induktivität aufgefaßt. Stellt man den *Maschensatz* bei geschlossenem Schalter auf, so erhält man eine *Differentialgleichung erster Ordnung* für den Strom.

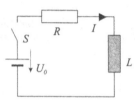

Bild 3.31 Reihenschaltung von R und L beim Einschalten

Einschaltvorgang, Differentialgleichung:

$$U_0 = U_R + U_L, \quad U_0 = IR + L\frac{dI}{dt},$$

$$\frac{U_0}{R} = I_k = I + \tau\frac{dI}{dt},$$

I_k *Kurzschlußstrom durch* L,

$$\tau = \frac{L}{R} \text{ Zeitkonstante.}$$

Die *Differentialgleichung* für den *Strom* durch die *Induktivität* ähnelt der Differentialgleichung für die *Spannung* über einer *Kapazität*. Die *Zeitkonstante* ist der Quotient aus L und R. Sie wird umso größer, je kleiner der Widerstand R und je größer die Induktivität L ist. Eine große Zeitkonstante ist schwierig herzustellen, weil eine große Induktivität auch eine hohe Windungszahl erfordert, die einen hohen Drahtwiderstand zur Folge hat.

Durch Division mit R wurde der Kurzschlußstrom I_k eingeführt. I_k ist der Gleichstrom durch die Induktivität nach Beendigung des Einschaltvorgangs. Die Spannung über der Induktivität wird wegen $dI/dt = 0$ ebenfalls Null, die Induktivität wirkt für Gleichstrom wie ein Kurzschluß.

Die Lösung der Differentialgleichungen führt auf die Zeitfunktion für den Strom.

Zeitfunktionen $I(t)$ *und* $U_L(t)$:

$$I(t)=I_k\left(1-e^{-\frac{t}{\tau}}\right),$$

$$U_L(t)=L\frac{dI}{dt}=I_k\frac{L}{\tau}e^{-\frac{t}{\tau}}=U_0 e^{-\frac{t}{\tau}}.$$

Das Bild 3.32 zeigt den Zeitverlauf des Stromes und der Spannung der Induktivität beim Einschalten. Hierin bedeutet t_H die Halbwertszeit mit $t_H = 0{,}693\tau$.

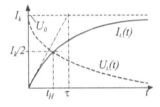

Bild 3.32 Zeitfunktionen des Stromes durch *L* und der Spannung über *L* beim Einschalten

Beim *Ausschalten* muß der Schalter geöffnet werden. Dabei vergrößert sich der Widerstand der Luftstrecke, und es bildet sich ein Funke. Die Erklärung dafür ist die durch den großen Widerstand der Luftstrecke bedingte sehr kleine Zeitkonstante. Die im magnetischen Feld gespeicherte Energie muß in sehr kurzer Zeit in elektrische Energie zurückverwandelt werden. Weil der Strom zum Zeitpunkt des Ausschaltens den unveränderten Wert I_k hat, wird die Spannung sehr hoch.

Die *gefährlich hohe Ausschaltspannung* kann durch Überbrückung der Induktivität mit einer sogenannten *Freilaufdiode* in Sperrichtung zur Spannungsquelle vermindert werden. Beim Einschalten ist sie sehr hochohmig und hat kaum eine Wirkung.

Beim Öffnen des Schalters fließt der Strom in Durchlaßrichtung durch die Diode. An dem niedrigen Widerstand R_d kann sich keine hohe Spannung aufbauen.

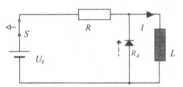

Bild 3.33 Induktivität mit Freilaufdiode zur Vermeidung einer gefährlichen Ausschaltspannung

Die folgenden Gleichungen beschreiben das Ausschalten für die Schaltung nach Bild 3.34. Die Induktivität ist dem Querwiderstand eines Spannungsteilers parallel geschaltet. Beim Öffnen des Schalters fließt der Ausschaltstrom nur über diesen Widerstand.

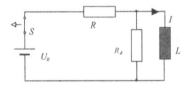

Bild 3.34 Schaltung mit unterschiedlichen Zeitkonstanten beim Einschalten und beim Ausschalten

Ausschaltvorgang, Differentialgleichung:

$$U_{Rd}+U_L=0, \quad I\cdot R_d+L\frac{dI}{dt}=0,$$

$$I+\tau_a\frac{dI}{dt}=0 ; \quad \tau_a=\frac{L}{R_d};$$

Lösung: $I=I_k e^{-\frac{t}{\tau_a}},$

$$U_L(t)=L\frac{dI}{dt}=-I_k\frac{L}{\tau}e^{-\frac{t}{\tau_a}}=-I_k R_d e^{-\frac{t}{\tau_a}}.$$

In diesem Fall wirken unterschiedliche Zeitkonstanten für das Schließen und das Öffnen des Schalters. Die Einschaltzeitkonstante $\tau_e = L/R_{ie}$ wird durch den Ersatzinnenwiderstand $R_{ie} = R_d \| R$ an den Klemmen bei herausgetrennter Induktivität bestimmt. Beim Öffnen des Schalters wirkt der Widerstand im Ausschaltweg R_d bestimmend für die Ausschaltzeitkonstante $\tau_a = L/R_d$.

Die Spannungen über der Induktivität beim Einschalten und beim Ausschalten verhalten sich zum Zeitpunkt $t = 0$ umgekehrt proportional zu den Zeitkonstanten wie $U_{Le}/U_{La} = \tau_a/\tau_e = R_{le}/R_d$.
Wählt man z.B. $R_d = 10\,R$, so beträgt der Maximalwert der Ausschaltspannung U_{La} das 11fache der Einschaltspannung U_{le}. Der Feldaufbau beim Schließen des Schalters dauert die 11fache Zeit des Feldabbaus beim Öffnen.

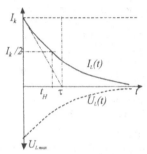

Bild 3.35 Zeitfunktionen der Spannung und des Stromes beim Ausschalten nach Bild 3.34

Die beim Ausschalten im Widerstand $R_{aus} = R_d$ freiwerdende elektrische *Energie* muß gleich der im Feld gespeicherten magnetischen Energie der Induktivität sein. Durch Integration bestimmt man sie:

$$W = \int U(t)I(t)\mathrm{d}t = R_{aus}\int I^2(t)\mathrm{d}t,$$

$$= I_k^2 R_{aus}\int_0^\infty e^{\frac{-2t}{\tau_a}}\,\mathrm{d}t = I_k^2 R_{aus}\frac{\tau_a}{2},$$

$$W = L\frac{I_k^2}{2}.$$

3.9 Energie im magnetischen Feld

Für das weitere Verständnis ist die Frage interessant: Welcher Zusammenhang besteht zwischen der Energie einer stromführenden Spule und den magnetischen Feldgrößen B und H? Die Klärung erfolgt am Modell ei-

ner idealen Spule, der *Ringkernspule*. Diese gleichmäßig bewickelte kreisförmige Spule weist ein näherungsweise homogenes magnetisches Feld in ihrem Kern auf. Sie ist damit für das magnetische Feld ein ähnlich ideales Bauelement wie der Plattenkondensator für das elektrische Feld.

Das Bild 3.36 zeigt eine solche Spule mit dem mittleren Radius r_m und der mittleren Weglänge der Feldlinien $l_{\dot{m}} = 2\pi\,r_m$. Bei dieser idealen Spule bildet sich unabhängig vom Kernmaterial ein homogenes Feld aus. Das Streufeld ist vernachlässigbar schwach. Nach dem Durchflutungsgesetz wird die magnetische Urspannung V_0 entlang eines geschlossenen kreisförmigen Weges mit einem Radius $r > r_a$ um die Spule herum Null. Damit ist auch die magnetische Feldstärke Null. Gleiches gilt für einen Weg innerhalb der Ringkernspule mit einem Radius $r < r_i$. Der Raum außerhalb des Kernes ist feldfrei.

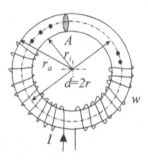

Bild 3.36 Ringkernspule mit homogenem Magnetfeld

Aus der Definition der magnetischen Spannung $V = \mathrm{d}W/\mathrm{d}\Phi$ erhält man durch Anwendung auf den Ringkern die in der Tafel zusammengestellten auch allgemeingültigen Formeln.

Formel (1) folgt aus der Definition der magnetischen Spannung V und sagt aus, daß die Fläche zwischen B-H-Kennlinie und B-Achse im Magnetisierungsdiagramm der im Kern gespeicherten Energie entspricht.

Energie im Kernvolumen **V**:

$$dW = V d\Phi = Hl_m \, A dB = \mathbf{V} H dB,$$

$$W = \mathbf{V} \int H dB, \text{ mit } l_m A = \mathbf{V}. \quad (1)$$

Nichtferromagnetischer Kern:

$$dB = \mu_0 dH,$$

$$W = \mathbf{V} \int H \mu_0 dH = \frac{\mathbf{V}}{2} \mu_0 H^2, \quad (2)$$

magnetische Energiedichte:

$$w_m = \frac{W}{\mathbf{V}} = \mu_0 \frac{H^2}{2} = \frac{1}{\mu_0} B^2 = H \frac{B}{2}. (3)$$

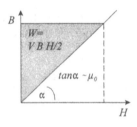

Bild 3.37 Energiefläche des magnetischen Feldes, gespeichert in Nichtferromagnetika wie Luft oder Vakuum

Für eine Spule mit nichtferromagnetischem Kern ist die Energiefläche nach Bild 3.37 eine Dreiecksfläche entsprechend Formel (2). Daraus kann die Gleichung (3) für die Energiedichte w_m für Nichtferromagnetika abgeleitet werden. Sie läßt sich wahlweise durch die Feldgrößen H und B ausdrücken.

Bei einer mit Wechselstrom gespeisten Eisenkernspule nach Bild 3.38 wird die Hystereseschleife in jeder Periode vollständig durchlaufen. Im ferromagnetischen Material sind die gespeicherte Energie beim Aufmagnetisieren und die freiwerdende Energie beim Abmagnetisieren wegen der Hysterese der B-H-Funktion unterschiedlich.

Im ersten Quadranten der *B-H-Kurve* wird beim Aufmagnetisieren eine Energie proportional zur Fläche A_1 im magnetischen Feld des Kernvolumens gespeichert. Ein der Fläche A_2 proportionaler Anteil wird beim Abmagnetisieren wieder in elektrische Energie zurückgewandelt. Gleiches passiert im 3. Quadranten.

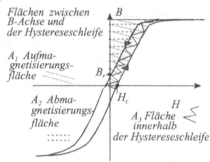

Bild 3.38 Energieumsatz im ferromagnetischen Material (Hystereseschleife) beim Auf-, Ab- und Ummagnetisieren

Die Fläche innerhalb der Hysteresschleife $2A_3 = 2(A_1\text{-}A_2)$ ist somit proportional der Verlustenergie beim Ummagnetisieren eines ferromagnetischen Stoffes. Man spricht auch von Hysteresearbeit.

Die Formel (3) für die Energiedichte einer nichtferromagnetischen Spule kann auch aus der Energie $W = I^2L/2$ einer stromdurchflossenen Induktivität hergeleitet werden. Eine Ringkernspule mit der Querschnittfläche A und der Windungszahl w wird angenommen. Die Herleitung wird durch die folgenden Gleichungen gezeigt.

$$W = \frac{L}{2}I^2 \text{ mit } L = \frac{w^2}{R_m}, \; R_m = \frac{l_m}{A\mu_0},$$

$$W = \frac{1}{2}w^2\mu_0\frac{A}{l_m}I^2 = \frac{1}{2}\mu_0 A l_m \frac{w^2}{l_m^2}I^2;$$

$$\text{mit } H = I\frac{w}{l_m} \text{ und Volumen } \mathbf{V} = A l_m$$

$$\text{erhält man: } W = \mathbf{V}\mu_0\frac{H^2}{2},$$

magnetische Energiedichte :

$$w_m = \frac{W}{\mathbf{V}} = \frac{\mu_0 H^2}{2} = \frac{BH}{2} = \frac{B^2}{2\mu_0}.$$

3.10 Kraft im magnetischen Feld

Allgemein gilt:

> *Die Feldlinien der Flußdichte B und der Feldstärke H üben Längszug und Querdruck aus.*

a) Kraft auf Trennflächen mit unterschiedlicher Permeabilitätszahl μ_r

Die wichtigste Anwendung ist der Elektromagnet mit der Trennfläche zwischen Luft und hochpermeablem Eisen. Die Kraft wird aus der Energiebilanz entsprechend der Tafel hergeleitet.

> *An Trennflächen unterschiedlichen magnetischen Materials wirkt eine Kraft, die senkrecht auf der Trennfläche steht. Sie ist zum Material mit dem kleineren μ_r hingerichtet. Die Kraft ist bestrebt, den Raum mit dem Material der höheren Permeabilität zu vergrößern.*

Die Kraft ist die Ableitung der mechanischen Energie oder Arbeit nach dem Weg. Vergrößert man in Bild 3.39 den Luftspalt des Elektromagneten zwischen Anker und Kern um den Wert ds, so ist eine Kraft F nach Formel (1) aufzuwenden. Die mechanische Energie ist gleich dem Zuwachs der magnetischen Energie im Volumen des durch ds veränderten Luftspaltes. Die Fläche der Polschuhe A bleibt unverändert, und die Änderung des felderfüllten Volumens ist $dV = A\,ds$. Damit kann die Kraft unmittelbar aus der magnetischen Energiedichte w_m im Luftspalt berechnet werden.

> *Die Kraft $F = wA$ ist das Produkt aus magnetischer Energiedichte und wirksamer Fläche.*

Man erhält mit den Ergebnissen des vorigen Abschnitts die Kraft, ausgedrückt durch die Feldgrößen entsprechend der Gleichungen (2).

Mechanische Energie und Kraft:

$$\mathrm{d}W_{mech} = \vec{F}\,\mathrm{d}\vec{s}, \quad \vec{F} = \frac{\mathrm{d}W_{mech}}{\mathrm{d}\vec{s}}, \tag{1}$$

Änderung der magnetischen Energie durch Vergrößerung des Luftspaltes:

$$\frac{\mathrm{d}W_m}{\mathrm{d}V} = w_m = \frac{B^2}{2\mu_0},$$

mit dem Volumenelement $\mathrm{d}V = A\,\mathrm{d}s$:

$$\frac{\mathrm{d}W_m}{A\,\mathrm{d}s} = w_m = \frac{F}{A},$$

$$F = w_m A = \frac{B^2}{2\mu_0} A = \frac{BH}{2} A = \mu_0 \frac{H^2 A}{2}, \tag{2}$$

mit $B = \dfrac{\Phi}{A}$ *wird die Kraft:* $F = \dfrac{\Phi^2}{2\mu_0 A}$. (3)

Ersetzt man die magnetische Feldstärke durch die Induktion B und diese wieder durch den magnetischen Fluß, so erhält man Formel (3).

Die Kraft ist quadratisch von der Flußdichte B abhängig, d.h., beim Umpolen ändert sich zwar die Richtung von B, aber nicht die Richtung der Kraft. Ein mit Wechselstrom erregter Elektromagnet übt somit eine Kraft nur in einer Richtung aus.

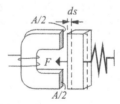

Bild 3.39 Kraft eines Elektromagneten

Die *Hystereseschleife* beschreibt sowohl die Abhängigkeit der Flußdichte B von der Feldstärke H als auch die *Funktion des Flusses* $\Phi = f(I)$ von der Durchflutung und damit *vom Strom I*. Durch Quadrieren wird diese Funktion zu der sogenannten *Kelchkurve* der Abhängigkeit der Kraft von der Stromstärke beim Elektromagneten.

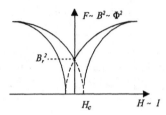

Bild 3.40 Kelchkurve, quadrierte Hysterese-schleife, Abhängigkeit der Kraft vom Strom eines Elektromagneten

b) Kraft auf bewegte Ladungen

Auf ruhende Ladungen übt ein Magnetfeld keine Kraft aus.

Die Kraftwirkung auf eine bewegte Ladung wurde zur Erklärung des Induktionsge-setzes bereits als Lorentzkraft formuliert. Die Lorentzkraft wird beim Teilchenbe-schleuniger, dem Zyklotron, und beim Ab-lenksystem von Fernsehbildröhren ange-wendet.

c) Elektrodynamisches Kraftgesetz

Die Kraftwirkung auf einen stromdurch-flossenen Leiter im Magnetfeld beruht auf der Lorentzkraft. Das elektrodynamische Kraftgesetz und das Induktionsgesetz sind die Grundlagen für die rotierenden elektri-schen Maschinen, den Elektromotor und den elektrischen Generator.

Die Kraft zwischen zwei stromdurchflosse-nen Leitern kann ebenfalls mit diesem Ge-setz hergeleitet werden und diente zur Defi-nition des Amperes, der Einheit des Stromes.

4 Wechselstrom

4.1 Begriff und Bedeutung des Wechselstromes

Gleichstromkreise stehen historisch an erster Stelle der Entwicklung in der Elektrotechnik. Sie sind heute unverzichtbar in der Elektrochemie, z.B. in Elektrolyse und Galvanotechnik und bei der Stromversorgung elektronischer Schaltungen.

Die großtechnische Energieversorgung erfolgt hingegen in Wechselstrom- und Drehstromsystemen.

Ein Drehstrom- oder Dreiphasenstromsystem verkettet drei Einphasensysteme miteinander, was sich für die Energieübertragung als besonders wirtschaftlich erweist. Unter Wechselspannung im engeren Sinne versteht man eine sinusförmige Spannung mit der Frequenz 50 Hz. Diese Frequenz wird mit hoher Konstanz in den Netzen der Kraftwerke einheitlich verwendet. Eine Ausnahme bildet das Netz der Deutschen Bahn, das die niedrigere Frequenz 16,67 Hz verwendet, um die Eisen- und Wirbelstromverluste herabzusetzen.

Wechselspannungen und -ströme sind eine Spezialform von periodischen zeitabhängigen Größen. Sie werden auch in der Informationstechnik zur Übertragung von Informationen verwendet.

Durch Amplitudenmodulation werden beispielsweise Sprache und Musik von Rundfunkprogrammen übertragen. Hier entsteht ein Frequenzspektrum. Für die Anwendung von Wechselgrößen in der Energietechnik und in der Informationstechnik sind unterschiedliche Gesichtspunkte maßgebend.

Energietechnik:

○ Die elektrische Energie soll verlustarm und mit hohem Wirkungsgrad übertragen werden. Die Übertragung erfolgt bei hohen Spannungen und kleinen Strömen.

○ Wechselströme und -spannungen sind gut transformierbar. Zur Umspannung werden Transformatoren eingesetzt, die auf dem Induktionsgesetz beruhen und daher nur mit Wechselspannung arbeiten.

○ Die Energieübertragung erfolgt aus wirtschaftlichen und technischen Gründen in Dreiphasen-Wechselstrom-Systemen.

Informationstechnik:

Die Sprache oder Musik wird z.B. im Mikrophon in eine nichtperiodische zufällige Wechselspannung verwandelt. Man spricht von einem analogen stochastischen Signal, das Informationen überträgt. Typisch für ein solches Signal ist, daß es verschiedene Frequenzen enthält. Das Frequenzband für eine gute Sprachübertragung reicht von 250 Hz bis 3400 Hz. Eine gute Musikübertragung erfolgt im Frequenzband von 30 Hz bis 20 kHz.

Vorteile der Sinusform:

1. Sinusspannungen können leicht erzeugt und in Transformatoren umgespannt werden, ohne dabei ihre Form zu ändern.

2. Sinuszeitfunktionen können addiert, subtrahiert, differenziert und integriert werden, ohne daß sich ihre Form und ihre Frequenz ändert. Die Sinusform bleibt bei diesen linearen mathematischen Operationen erhalten. Spannungen werden in Reihenschaltungen nach dem Maschensatz addiert. Für Ströme gilt der Knotensatz. Die Strom-Spannungs-Gleichungen an den Energiespeicherelementen L und C sind durch Differentialquotienten und Integrale gekennzeichnet.

3. Nach dem *Satz von Fourier* kann jede periodische Zeitfunktion mit der Frequenz f in eine Summe sinusförmiger Funktionen mit den Frequenzen f, $2f$, $3f$,..., d.h. in ganzzahlige Vielfache der Grundfrequenz f, zerlegt werden, die unterschiedliche Amplituden und Winkel zueinander haben.

Die *Sinusfunktion* ist somit die einfachste kontinuierliche periodische Elementarfunktion. Mit ihr können kompliziertere stetige und unstetige periodische Funktionen näherungsweise zusammengesetzt werden.

Zeitabhängige Größen werden in der Elektrotechnik mit kleinen Buchstaben bezeichnet. Zeitfunktionen werden wie folgt eingeteilt:

Allgemeine Zeitfunktion (ZF) u(t)

```
        Allgemeine Zeitfunktion (ZF) u(t)
         |                    |
   periodische ZF        nichtperiodische ZF
     |        |              |
 stetige ZF  unstetige ZF  ┌─ determinierte ZF
     |       ┌─Rechteck ZF └─ stochastische ZF
 ┌sinusför─┐ ├─Sägezahn ZF
 └mige ZF ─┘ └─Dreieck  ZF
```

Bei periodischen Zeitfunktionen wiederholt sich der Momentanwert im Zeitintervall der Periodendauer T.

Das setzt voraus, daß die Funktion $u(t)$ im Zeitintervall $0 < t \leq T$ definiert ist und dann periodisch fortgesetzt wird:

$$u(t\text{-}nT) = u(t).$$

Periodisch sich wiederholende Impulse nennt man Pulsfunktionen. Sie sind häufig unstetig.

Nichtperiodische Zeitfunktionen können determiniert, d.h. zu jedem Zeitpunkt definiert sein. Sie können aber auch zu jedem Zeitpunkt nicht vorhersehbare, zufällige Werte annehmen. Zufällige oder stochastische Zeitfunktionen treten beispielsweise als Rauschspannungen oder bei den schon genannten Sprachschwingungen auf.

Begriff der periodischen Wechselgröße:

Durch Integration einer periodischen Funktion $u(t)$ über eine Periodendauer gewinnt man die Fläche zwischen der Zeitachse und der Funktion. Dabei werden Anteile oberhalb der Zeitachse bekanntlich positiv und unterhalb negativ bewertet.

Unter einer Wechselgröße wird im folgenden eine Zeitfunktion verstanden, deren Integral über eine Periodendauer T Null ist. Eine solche Funktion hat also während der Periodendauer die gleiche positive und negative Fläche. Ihr arithmetischer Mittelwert ist Null.

Erzeugung sinusförmiger Spannungen:
1. Aufnahme eines reinen Tones mit einem Mikrophon.
2. Wird ein Verstärker über ein Netzwerk, das einen elektrischen Schwingkreis enthält, rückgekoppelt, so entsteht ein Oszillator. Ein Oszillator kann eine Sinusspannung mit beliebiger Frequenz erzeugen.
3. Im Modellversuch zur Induktion entsprechend Bild 3.20 rotiert im parallelhomogenen Magnetfeld eine Leiterschleife. In ihr wird eine sinusförmige Spannung induziert.
4. In Drehstrom-Synchrongeneratoren wird durch ein rotierendes Polrad ein Drehfeld erzeugt, das in den drei räumlich zueinander versetzten Ständerwicklungen jeweils um 120° zeitlich zueinander verschobene Sinusspannungen erzeugt.

Kenngrößen einer sinusförmigen Zeitfunktion:

Eine *sinusförmige Zeitfunktion* wird aus einer *Rotationsbewegung* abgeleitet. Projiziert man den Endpunkt eines auf einem Kreis mit konstanter Winkelgeschwindigkeit ω rotierenden Strahles mit der Länge $\hat{u}$ auf die y-Achse eines Koordinatensystems, so beschreibt dieser eine Sinuszeitfunktion der Form:

$$y(t) = u(t) = \hat{u}\,\sin\varphi(t) = \hat{u}\,\sin\omega t$$

Ein solcher Strahl wird *rotierender Zeiger* genannt. Die Ordinate soll die physikalische Bedeutung einer Spannung haben.

Die einzelnen Größen bedeuten:
$\hat{u}$: *Amplitude, Scheitelwert oder Maximalwert,*

$\varphi(t)$: *Drehwinkel, der linear von der Zeit abhängt,*

$\omega = 2\pi/T$: *Kreisfrequenz (Winkelgeschwindigkeit der Rotation),*

T : *Periodendauer (Umlaufdauer),*

$f = 1/T$: *Frequenz, Anzahl der Schwingungen pro Sekunde.*

> *Die Einheit der Frequenz ist:*
> 1 Hertz = 1 Hz = 1/s.

Heinrich Hertz, 1857-1894, Entdecker der elektromagnetischen Wellen.

Im Allgemeinfall ist die Sinusschwingung auf der Zeitachse um den Nullphasenwinkel φ_0 verschoben. Die Zeitfunktion und die Verhältnisgleichung zwischen Winkeln und Zeiten sind in der folgenden Tafel dargestellt.

$$u(t) = \hat{u}\sin(\omega t + \varphi_0),$$
$$u(t) = \hat{u}\sin(\omega(t + t_0)),$$
$$\varphi_0 = \omega t_0,$$
$$\frac{\varphi_0}{t_0} = \frac{2\pi}{T} = \frac{360°}{T}.$$

Bild 4.1 zeigt zwei Sinuszeitfunktionen, die zueinander um φ_0 verschoben sind. Die mit voller Linie dargestellte Funktion hat den Nullphasenwinkel $\varphi_0 = 0$. Ein positiver Nullphasenwinkel bedeutet Verschiebung der Funktion nach links, gleichbedeutend der Verschiebung des Koordinatennullpunktes nach rechts. Die gestrichelt gezeichnete Sinusfunktion eilt der mit voller Linie dargestellten Funktion voraus.

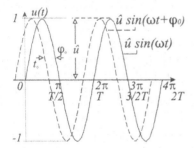

Bild 4.1 Darstellung von Sinuszeitfunktionen

Im folgenden Bild sind die beiden möglichen Abszissenbezeichnungen verglichen. Wählt man die Zeit, so können Sinusfunktionen mit unterschiedlicher Frequenz gut dargestellt werden. Die Achsenbezeichnung ωt eignet sich für Wechselstromschaltungen mit nur einer Frequenz.

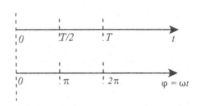

Bild 4.2 Unabhängige Veränderliche: Zeit t oder Winkel ωt

4.2 Arithmetischer Mittelwert und Effektivwert

Der arithmetische Mittelwert ist der mittlere Wert einer Zeitfunktion während der Periodendauer. Er entspricht der Höhe der Ersatzrechteckfläche, deren eine Seite die Periodendauer ist. Der Flächeninhalt wird durch Integration über die Periodendauer T bestimmt und durch T dividiert.

> *Arithmetischer Mittelwert = Ersatzgleichgröße:*
> $$U_a = \overline{u(t)} = \frac{1}{T}\int_0^T u(t)\,\mathrm{d}t$$

Eine allgemeine periodische Zeitfunktion setzt sich häufig aus einer *Gleichgröße* und einer *Wechselgröße* zusammen. Die Überlagerung entspricht mathematisch der Addition. Die Gleichgröße ist der arithmetische Mittelwert der Zeitfunktion.

Bei einer Wechselgröße ist der arithmetische Mittelwert Null.

Beispiele sind ein gleichgerichteter Sinusstrom oder eine durch das periodische Ein- und Ausschalten einer Gleichspannung entstehende Rechteckpulsfolge.

Gleichgerichteter Sinusstrom

Ein gleichgerichteter Sinusstrom kann mathematisch dadurch ausgedrückt werden, daß man die Sinusfunktion in Betragsstriche setzt. Sie ist periodisch mit $T/2$. Ihr arithmetischer Mittelwert entspricht dem Gleichstrom I_g.

$$I_g = \overline{i(t)} = \frac{1}{T}\int\limits_0^T i(t)dt = \frac{1}{T}\int\limits_0^T \hat{i}|\sin\omega t|dt =$$

$$= \frac{2\hat{i}}{T}\int\limits_0^{T/2}\sin\omega t\,dt = \frac{2\hat{i}}{T}(\frac{-\cos\omega t}{\omega})\Big|_0^{T/2} = \frac{2\hat{i}}{\pi},$$

$$I_g = \overline{i(t)} = \frac{2\hat{i}}{\pi}.$$

Bild 4.3 a zeigt den gleichgerichteten Sinusstrom. Sein arithmetischer Mittelwert oder Gleichstrom I_g ist in Bild b) anschaulich angegeben. Subtrahiert man ihn von der Zeitfunktion a) erhält man den Wechselstromanteil c). Die mathematische Formulierung lautet:

$$i(t) = \overline{i(t)} + i_w(t) = I_g + i_w(t) =$$

$$= \frac{2}{\pi}\hat{i} + (\hat{i}|\sin\omega t| - \frac{2}{\pi}\hat{i}).$$

$$i_w(t) = (\hat{i}|\sin\omega t| - \frac{2}{\pi}\hat{i})$$

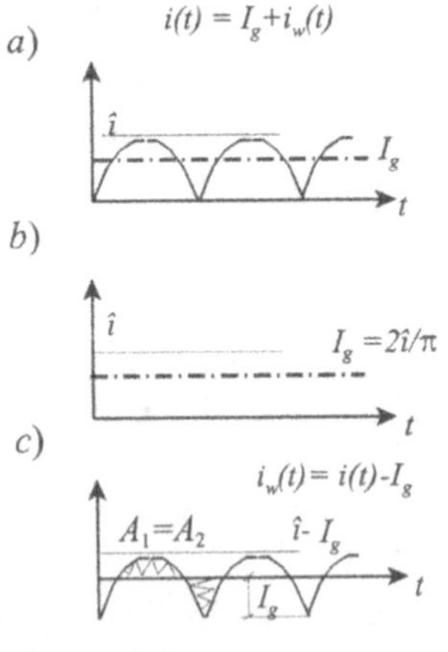

a)

b)

c)

Bild 4.3 a) Gleichgerichteter Sinusstrom,
b) Gleichstrom (arithmetischer Mittelwert)
c) Wechselstromanteil

Beispiel: Rechteckpulsfolge

Eine Rechteckpulsfolge mit nur einer Polarität kann durch Unterbrechung einer Gleichspannung U erzeugt werden. Die Pulsdauer soll gleich der Pausendauer sein. Auch ohne Skizze ist leicht einzusehen, daß der arithmetische Mittelwert $U/2$ sein muß. Den Wechselspannungsanteil erhält man durch Verschieben der Pulsfolge um $U/2$ in negativer y-Richtung, so daß sie symmetrisch zur Zeitachse mit der Höhe $U/2$ verläuft.

Effektivwert:

Die Beantwortung der folgenden Frage führt auf den Begriff des Effektivwertes: Welcher Wechselstrom mit der Amplitude $\hat{i}$ ruft gleiche Leistung an einem Widerstand R hervor wie der Gleichstrom I?

Die in Wärme umgesetzte Leistung an einem Widerstand entspricht dem *arithmetischen Mittelwert der Leistungszeitfunktion.*

$$P = I^2R = \overline{p(t)} = R\frac{1}{T}\int\limits_0^T i^2(t)dt$$

Dieser arithmetische Mittelwert ist von Null verschieden, weil eine quadrierte Sinusfunktion integriert wird, die nur positive Werte aufweist. Löst man die Gleichung nach I auf, so hebt sich der Widerstand R heraus. Der so ermittelte Stromwert I heißt Effektivwert der Strom-Zeit-Funktion $i(t)$.

$$I = \sqrt{\overline{i^2(t)}} = \sqrt{\frac{1}{T}\int\limits_0^T i^2(t)dt}$$

Der *Effektivwert* wird mit einem Großbuchstaben wie eine Gleichgröße bezeichnet. Er stellt den *quadratischen Mittelwert* dar.

1. Anwendung auf Sinusgrößen:

Der Effektivwert eines Wechselstromes $i(t) = \hat{i}\sin\omega t$ soll bestimmt werden. Dazu muß das folgende Integral bestimmt werden:

$$I = \sqrt{\frac{1}{T}\int\limits_0^T (\hat{i}^2\sin^2\omega t)dt}.$$

Die Herleitung ist im folgenden dargestellt.

$$\sin^2\omega t = \frac{1}{2}(1 - \cos2\omega t),$$

$$\hat{i}^2\int\limits_0^T \sin^2\omega t\,dt = \frac{\hat{i}^2}{2}\int\limits_0^T [1 - \cos2\omega t]dt =$$

$$= \frac{\hat{\imath}^2}{2}[t - \frac{\sin 2\omega t}{2\omega}]\Big|_0^T = \frac{\hat{\imath}^2}{2}T.$$

Die quadrierte Sinusfunktion wird in eine Kosinusfunktion mit zweifachem Winkel umgewandelt. Im Bild 4.4 werden die Funktionen: $\sin\omega t$, $\cos 2\omega t$ und $0{,}5(1-\cos 2\omega t)$ gezeigt.

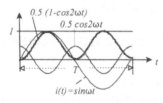

Bild 4.4 Trigonometrische Umwandlung $\sin^2\omega t = 0{,}5(1-\cos 2\omega t)$

Integriert man die quadrierte Stromzeitfunktion, so bleibt nur die 1 zu integrieren, weil die Integration der Kosinusfunktion mit der zweifachen Frequenz über zwei volle Perioden Null ergibt.

$$\int_0^T i^2(t)\,dt = \frac{\hat{\imath}^2}{2}\int_0^T dt = \frac{\hat{\imath}^2}{2}T$$

Effektivwert des sinusförmigen Stromes:

$$I = \sqrt{\frac{1}{T}\int_0^T i^2(t)\,dt} = \frac{\hat{\imath}}{\sqrt{2}}$$

Bild 4.5 zeigt die so gewonnene Leistungszeitfunktion. Sie ist wieder sinusförmig und weist die doppelte Frequenz auf. Jeder Nulldurchgang des Stromes $i(t)$ führt zum Minimalwert Null der Leistung $p(t)$. Minimalwert und Maximalwert des Stromes werden zum Maximum der Leistung.

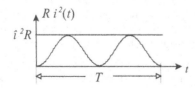

Bild 4.5 Leistungszeitfunktion $p(t) = R\,\hat{\imath}^2\sin^2\omega t$

Das *Quadrieren* ist eine *nichtlineare Operation*, die dazu führt, daß eine neue, hier die zweifache, Frequenz entsteht.

> *Der Effektivwert einer sinusförmigen Wechselgröße lautet:* $I = \dfrac{\hat{\imath}}{\sqrt{2}}$, $U = \dfrac{\hat{u}}{\sqrt{2}}$.
>
> *Er entspricht der Amplitude dividiert mit $\sqrt{2}$ und verursacht die gleiche Leistung wie eine entsprechende Gleichgröße.*

Die Leistung P kann unmittelbar aus dem Effektivwert des Stromes I oder der Spannung U ermittelt werden.

Man spricht von Wirkleistung, wenn der Energieumsatz von elektrischer Energie nicht umkehrbar in andere Energieformen, z.B. in Wärme, erfolgt.

Bei bekanntem Widerstand genügt entweder der Effektivwert des Stromes I oder der Spannung U zur Berechnung der Leistung.

Leistungszeitfunktion:

$$p(t) = \frac{\hat{\imath}^2}{2}R\,(1-\cos 2\omega t);$$

Wirkleistung:

$$P = \overline{p(t)} = U\,I = \frac{\hat{\imath}^2}{2}R = I^2R;$$

$$P = \overline{p(t)} = \frac{\hat{u}^2}{2}\frac{1}{R} = \frac{U^2}{R}.$$

2. Gleichgerichteter Sinusstrom

Die negative Halbwelle der Sinusfunktion wird durch die Gleichrichtung positiv. Die durch Quadrieren einer Sinusfunktion berechnete Leistungszeitfunktion nach Bild 4.5 gilt somit auch für diesen Fall. Der Effektivwert ist daher wieder wie bei der nicht gleichgerichteten Sinusfunktion: Amplitude dividiert durch $\sqrt{2}$.

3. Effektivwert von Rechteck-Pulsströmen

Der Effektivwert der beiden im Bild 4.6 dargestellten Rechteck-Pulsströme soll berechnet werden. Der Fall a) zeigt breite Impulse, bei denen das Verhältnis von Pulsdauer zu Periodendauer $t_p/T=1/2$ beträgt.

Im Fall b) ist der Impuls mit $t_p/T{=}1/4$ doppelt so hoch und halb so breit.

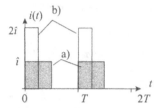

Bild 4.6 Zwei Rechteck-Pulsfunktionen
a) $t_p/T{=}1/2$, Amplitude $\hat{\imath}$
b) $t_p/T{=}1/4$, Amplitude $2\,\hat{\imath}$

Lösung:

a) $\dfrac{t_p}{T}=\dfrac{1}{2}$, *Pulshöhe* $\hat{\imath}$, *Effektivwert*:

$$I=\sqrt{\frac{1}{T}\int_0^{T/2}\hat{\imath}^{\,2}\mathrm{d}t}=\frac{1}{\sqrt{2}}\hat{\imath}.$$

b) $\dfrac{t_p}{T}=\dfrac{1}{4}$, *Pulshöhe* $2\hat{\imath}$:

$$I=\sqrt{\frac{1}{T}\int_0^{T/4}(2\hat{\imath})^2\,\mathrm{d}t}=\hat{\imath}.$$

Das Beispiel zeigt, daß Rechteck -Pulsfunktionen bei gleichem arithmetischen Mittelwert unterschiedliche Effektivwerte haben. Im Fall a) sind Pulsdauer und Pausendauer gleich. Der Effektivwert ist der gleiche wie bei einer Sinusspannung. Im Fall b) ist der Effektivwert um den Faktor √2 größer. Der Effektivwert ist direkt proportional der Pulshöhe und proportional der Wurzel aus Pulsbreite.

4. Effektivwert der Überlagerung von Gleich- und Wechselspannung

Addiert man die Gleichspannung U_0 und eine Wechselspannung mit der Amplitude $\hat{u}$ zu $u_1(t)=U_0+\hat{u}\sin\omega t$ und quadriert diese Zeitfunktion als binomischen Ausdruck, so wird der Effektivwert:

$$U_1=\sqrt{\frac{1}{T}\int_0^T(U_0^2+2\hat{u}U_0\sin\omega t+\hat{u}^2\sin^2\omega t)\mathrm{d}t},$$

$$U_1=\sqrt{U_0{}^2+U^2}.$$

Die Summanden unter dem Integral können einzeln integriert werden. Dabei ergibt der mittlere Summand den Wert Null und der letzte Summand den Effektivwert der Wechselspannung. Das Ergebnis besagt: der Effektivwert der überlagerten Zeitfunktion ist gleich der Wurzel aus der Summe der Quadrate der Effektivwerte der Komponenten. Dies gilt auch für die Überlagerung von Effektivwerten von Wechselspannungen unterschiedlicher Frequenzen.

4.3 Lineare Operationen mit Sinusgrößen

Addition und Subtraktion

Die Strom-Spannungsbeziehungen am Kondensator und an der Spule enthalten Differentialquotienten oder Integrale, wie die folgende Übersicht zeigt.

	$u(t)$	$i(t)$
L	$=L\,\mathrm{d}i/\mathrm{d}t$	$=(1/L)\int u\,\mathrm{d}t$
C	$=(1/C)\int i\,\mathrm{d}t$	$=C\mathrm{d}u/\mathrm{d}t$

Eine Schaltung mit Widerständen R, Induktivitäten L und Kapazitäten C, ein R-L-C-Netzwerk, wird durch eine lineare Differentialgleichung mit konstanten Koeffizienten beschrieben, die hier nicht Gegenstand weiterer Untersuchungen ist.

Zum Rechnen mit Sinusgrößen werden nur wenige trigonometrische Beziehungen benötigt. Sie sind in der folgenden Tafel zusammengestellt. Der Schwerpunkt liegt auf der Kosinusfunktion. Sie genügt zur Beschreibung elektrischer Wechselgrößen.

Die Umwandlung der Sinusfunktion in die Kosinusfunktion ist unter (1) gezeigt. Die Wechselgrößen sollen hier vorzugsweise als Kosinusfunktionen formuliert werden. Die Wahl der Kosinusfunktion wird bei der komplexen Rechnung näher begründet.

Zur Berechnung der Kosinusfunktion der Summe zweier Winkel dient das Additionstheorem unter (2). Der Winkel x wird durch die mit der Kreisfrequenz multiplizierte Zeit ωt ersetzt und der Winkel y bleibt eine

Konstante, die die Bedeutung des Nullpha-
senwinkels φ_0 erhält.

---

(1) *Umwandlung einer Sinusfunktion*
in eine Kosinusfunktion:

$\sin x = \cos(x-90°) = -\cos(x+90°)$,

(2) *Additionstheorem:*

$\cos(x+y) = \cos x \cos y - \sin x \sin y$

Mit $x = \omega t$, $y = \varphi_0$, $A = Amplitude$:

$A\cos(\omega t + \varphi_0) =$

$= A(\cos \omega t \cos \varphi_0 - \sin \omega t \sin \varphi_0)$

$= a\cos \omega t + b\sin \omega t$.

(3) *Addition von Sinus – und Kosinus –*
funktion:

$a\cos \omega t + b\sin \omega t = A\cos(\omega t + \varphi_0)$

$a = A\cos \varphi_0$, $b = -A\sin \varphi_0$;

$A = \sqrt{a^2 + b^2}$, $\varphi_0 = \arctan\dfrac{b}{a}$.

Eine Wechselgröße in Kosinusform mit
Nullphasenwinkel kann in eine Summe einer Kosinus- und einer Sinusfunktion unterschiedlicher Amplituden a und b ohne
Nullphasenwinkel zerlegt werden.

Unter (3) werden die Teilfunktionen ohne
Nullphasenwinkel wieder zu einer einzigen
Wechselgröße mit Nullphasenwinkel zusammengesetzt. Diese Gleichung kann als
die *Umkehrung* des *Additionstheorems* aufgefaßt werden. Ferner werden die Beziehungen zur Umrechnung der Teilamplitu-
den a und b in die Amplitude A und den
Nullphasenwinkel φ_0 angegeben.

Die Summe aus einer Kosinusfunktion
mit der Amplitude a und einer Sinusfunk-
tion mit der Amplitude b kann durch nur
eine Kosinusfunktion mit der Amplitude
A und dem Nullphasenwinkel φ_0 darge-
stellt werden.

Allgemein gilt: Die Addition von Sinusgrößen gleicher Frequenz mit beliebigem Nullphasenwinkel und beliebiger Amplitude
kann durch Zerlegung in "nullphasenfreie"
Sinus- und Kosinuskomponenten, anschlie-
ßende getrennte Addition aller Sinuskom-
ponenten und Kosinuskomponenten und erneutes Zusammensetzen zu einer neuen
Kosinusfunktion mit der Amplitude A und
dem Nullphasenwinkel φ_0 erfolgen. Die
Frequenz bleibt dagegen erhalten.

Die Summe mehrerer Sinuszeitfunktionen
mit gleicher Frequenz und mit unter-
schiedlichen Amplituden und Nullphasen-
winkeln ergibt eine neue Sinusfunktion
gleicher Frequenz mit neuer Amplitude
und mit neuem Nullphasenwinkel.

Beispiel 1:

Die Wechselgröße $u_1(t) = 2\cos(\omega t + 30°)$ soll
in "nullphasenfreie" Sinus- und Kosinuskomponenten zerlegt werden.
Aus dem Additionstheorem (2) folgt:

$u_1(t) = 2\cos(\omega t + 30°) =$

$= 2\cos 30° \cos \omega t - 2\sin 30° \sin \omega t =$

$= 1,732\cos \omega t - 1\sin \omega t$.

Beispiel 2:

Die Wechselgröße $u_2(t) = 2\sin(\omega t - 30°)$ soll
in eine Kosinusfunktion umgewandelt wer-
den.
Nach der Umwandlungsgleichung (1) gibt
es zwei Möglichkeiten:

$u_2(t) = 2\cos(\omega t - 30° - 90°) = 2\cos(\omega t - 120°) =$

$= -2\cos(\omega t - 120° + 180°) = -2\cos(\omega t + 60°)$.

Beispiel 3:

$u(t) = 2\cos(\omega t + 30°) + 2\sin(\omega t - 30°)$.

Schritt 1: Sinusfunktion in Kosinusfunktion
umwandeln (Ergebnis von Beispiel 2).

Schritt 2: mit Additionstheorem zerlegen
und Sinus- und Kosinuskomponenten getrennt addieren:

$2\cos(\omega t + 30°) = 1,732\cos \omega t - 1\sin \omega t$,

$-2\cos(\omega t + 60°) = -(0,5 \cdot 2\cos \omega t - 1,732\sin \omega t)$,

$u(t) = 0,732\cos \omega t + 0,732\sin \omega t$

$= 1,21\cos(\omega t - 45°)$

Differentiation und Integration

Die Ableitung der Kosinusfunktion ergibt:

$\mathrm{d}(\cos \omega t)/\mathrm{d}t = -\omega \sin \omega t =$

$= -\omega \cos(\omega t - 90°) = \omega \cos(\omega t + 90°)$.

Beispiel: Spannung u(t) an der Induktivität

$u(t) = L$ di(t)/dt eilt bei Annahme eines harmonischen Stromes dem Strom um 90° vor. Die Amplitude des Stromes wird mit ω multipliziert.

Allgemein gilt:

Die Ableitung einer sinusförmigen Funktion des Argumentes ωt entspricht der Multiplikation der Amplitude mit ω und der Addition des Winkels 90° zum Argument. Die Funktion ist um 90° nach links verschoben oder voreilend.

Die Integration der Kosinusfunktion ergibt:

$$\int \cos \omega t \; dt = (1/\omega) \; (\sin \omega t)$$
$$= (1/\omega) \cos(\omega t \text{-} 90°)$$

Allgemein gilt:

Das Integral einer sinusförmigen Funktion des Argumentes ωt entspricht der Division der Amplitude mit ω und der Subtraktion des Winkels 90° vom Argument. Die Funktion ist um 90° nach rechts verschoben, d.h. nacheilend.

Beispiel: Der Strom an der Induktivität

$i(t) = (1/L) \int u(t) dt$ eilt der harmonischen Spannung um den Winkel 90° nach, die Amplitude wird mit ω dividiert.

Allgemein gilt:

Die *Frequenz bleibt beim Differenzieren und Integrieren erhalten*, die Amplitude ändert sich und zum Nullphasenwinkel werden ±90° addiert.

Lineare Operationen verändern nur die Amplitude und den Nullphasenwinkel einer Sinuszeitfunktion, nicht aber die Frequenz.

In elektrischen Schaltungen kommen lineare Operationen vor. Die *Addition* tritt beim *Knoten- und Maschensatz* auf. Auf Integration und Differentiation beruhen die

Strom-Spannungsbeziehungen am Kondensator und an der Induktiviät.

Nichtlineare Operationen:

Nach dem Satz von Fourier treten neben der Grundfrequenz Oberwellen, d.h. ganzzahlige Vielfache von der Grundfrequenz auf.

Die Multiplikation des Stromes mit einer Spannung bei der Leistungsberechnung ist eine nichtlineare Operation. Hier tritt als "neue" Frequenz nur die zweifache Grundfrequenz auf, wie in Bild 4.4 gezeigt wurde.

4.4 Zeigerdarstellung

Der Begriff des Zeigers wurde bereits bei Bestimmung der Größen der Sinus- und der Kosinusfunktion genannt. Diese Funktionen sind Projektionen eines rotierenden Strahls der Länge Eins auf die y- oder x-Achse. Den Strahl nennen wir jetzt rotierenden Einheitszeiger.

Rotierender Zeiger:

Ein Zeiger der Länge A rotiert um seinen Endpunkt im Koordinatenursprung mit der Winkelgeschwindigkeit ω. Die Projektion der Zeigerspitze beschreibt dann:

○ auf der x-Achse eine Kosinusfunktion,
○ auf der y-Achse eine Sinusfunktion.

Ruhender Zeiger:

Die Winkelgeschwindigkeit oder Kreisfrequenz der Rotation der Zeiger aller Ströme und Spannungen innerhalb einer Schaltung mit nur einer Spannungsquelle oder mit mehreren Spannungsquellen der gleichen Frequenz ist gleich. Daher ist nur die Lage verschiedener Zeiger zueinander interessant. Die Rotation kann daher unberücksichtigt bleiben. Man betrachtet ruhende Zeiger, die eine Momentaufnahme des rotierenden Zeigerkomplexes darstellen.

Die Zeigerdarstellung ermöglicht eine graphische Durchführung der Addition analog zu Vektoren. Das Kräfteparallelogramm, bzw. das *"Krafteck"*, ist ein Beispiel aus der Mechanik, das sinngemäß auf die Zeiger in der Elektrotechnik angewendet werden kann.

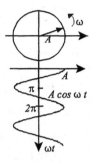

Bild 4.7 Darstellung einer Kosinusfunktion als rotierenden Zeiger

Vektoren in der Ebene sind, ebenso wie auch *komplexe Zahlen* in der Gaußschen Zahlenebene, zur Darstellung von Zeigern geeignet. Die *komplexe Rechnung* eignet sich besonders für die Anwendung in der Wechselstromtechnik. Sie heißt auch *symbolische Methode der Wechselstromtechnik*.

Das Bild 4.8 zeigt die Addition zweier Zeiger, die Wechselspannungen darstellen sollen. Sie erfolgt durch die Zerlegung jedes Zeigers U_1 und U_2 in eine x-Komponente und eine y-Komponente. Die großen Buchstaben bedeuten Effektivwerte, man spricht von Effektivwert-Zeigern. Die Länge eines solchen Zeigers bildet statt der Amplitude $A = \hat{u}$ den Effektivwert $U = \hat{u}/\sqrt{2}$ ab. Die hergeleiteten Formeln gelten ebenso für die Amplituden der Wechselgrößen.

Die "Summen-x-Komponente U_x" und die "Summen-y-Komponente U_y" setzen sich nach dem Pythagoras zum Summenspannungszeiger U_s zusammen.

$U_{1x} = U_1 \cos\varphi_1$, $U_{1y} = U_1 \sin\varphi_1$;

$U_{2x} = U_2 \cos\varphi_2$, $U_{2y} = U_2 \sin\varphi_2$.

$U_s^2 = U_x^2 + U_y^2 = (U_{1x} + U_{2x})^2 + (U_{1y} + U_{2y})^2$

$= (U_1 \sin\varphi_1 + U_2 \sin\varphi_2)^2 +$

$\quad + (U_1 \cos\varphi_1 + U_2 \cos\varphi_2)^2.$

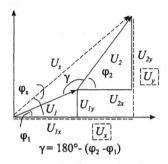

$$\gamma = 180° - (\varphi_2 - \varphi_1)$$

$$\cos\gamma = \cos(180° - (\varphi_2 - \varphi_1)) = -\cos(\varphi_2 - \varphi_1)$$

Bild 4.8 Addition von zwei in Zeigern dargestellten Spannungen

$$U_s = \sqrt{U_1^2 + U_2^2 + 2U_1 U_2 \cos(\varphi_2 - \varphi_1)} \quad (1)$$

$$\tan\varphi_s = \frac{U_{1x} + U_{2x}}{U_{1y} + U_{2y}} = \frac{U_1 \sin\varphi_1 + U_2 \sin\varphi_2}{U_1 \cos\varphi_1 + U_2 \cos\varphi_2} \quad (2)$$

Die Formeln (1) und (2) sind auf beliebig viele Spannungen erweiterbar.

$$U_s = \sqrt{\sum(U_i \cos\varphi_i)^2 + \sum(U_i \sin\varphi_i)^2} \quad (1)$$

$$\tan\varphi_s = \frac{\sum U_{iy}}{\sum U_{ix}} = \frac{\sum(U_i \sin\varphi_i)}{\sum(U_i \cos\varphi_i)} \quad (2)$$

Beispiel:

Die drei Spannungen in Bild 4.9, gegeben durch ihre Effektivwerte und ihre Nullphasenwinkel, sollen nach dem Maschensatz zur Gesamtspannung addiert werden, deren Amplitude und Nullphasenwinkel zu bestimmen sind. Die Frequenz braucht nicht berücksichtigt werden, wenn sie bei allen drei Spannungen gleich ist.

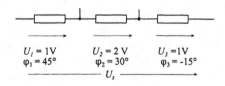

$U_1 = 1\,\text{V}$ $U_2 = 2\,\text{V}$ $U_3 = 1\,\text{V}$
$\varphi_1 = 45°$ $\varphi_2 = 30°$ $\varphi_3 = -15°$

U_s

Bild 4.9 Addition von drei Wechselspannungen

Die Amplitude und der Winkel wurden mit den Gleichungen (1) und (2) berechnet:

$U_x = 1\cos45° + 2\cos30° + 1\cos(-15°) = 3{,}405$;

$U_x = 1\sin45° + 2\sin30° + 1\sin(-15°) = 1{,}448$;

$U_s = \sqrt{U_x^2 + U_y^2} = 3{,}70\text{V}, \quad \hat{u} = \sqrt{2}U = 5{,}23\text{V},$

$\tan\varphi_s = \dfrac{U_y}{U_x} = 0{,}425, \quad \varphi_s = 23{,}03°.$

Die Zeitfunktion der Spannung lautet:

$u(t) = 5{,}23\text{ V } \cos(\omega t + 23{,}07°).$

Den Effektivwert der Spannung erhält man durch Division mit $\sqrt{2}$ zu $U = 3{,}7$ V.

Das Bild 4.10 zeigt qualitativ die graphische Lösung durch Addition von Zeigern.

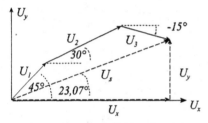

Bild 4.10 Addition von drei ruhenden Zeigern

4.5 Rechnen mit komplexen Zahlen

Die Strom- und die Spannungszeiger sollen als komplexe Zahlen in der Gaußschen Zahlenebene dargestellt werden.

Der Leser benötigt Grundkenntnisse der Vektorrechnung und eine Einführung in die Algebra mit komplexen Zahlen, die er aus der mathematischen Literatur erwerben kann.

Abweichend zu Vektoren im dreidimensionalen Raum sind zur Darstellung von Vektoren in der Ebene, den Zeigern, nur zwei Einheitsvektoren erforderlich. In x-Richtung der Gaußschen Zahlenebene ist kein besonderer Einheitsvektor erforderlich, die Zahl 1 wird als ein solcher aufgefaßt. In y-Richtung dient die imaginäre Einheit $j = \sqrt{-1}$ als Einheitsvektor. Der Buchstabe j hat

die gleiche Bedeutung wie der in der Mathematik verwendete Buchstabe i. Die Umkehroperation zum Potenzieren, das Radizieren, erfordert die Einführung der imaginären Einheit.

Komplexe Zahlen treten bekanntlich bei der Lösung quadratischer Gleichungen auf. Wird die Diskriminante, d.h. der Ausdruck unter der Wurzel in der Lösungsformel negativ, so kann sie als Produkt aus $j = \sqrt{-1}$ und einer positiven Wurzel dargestellt werden. Es liegt eine imaginäre Zahl vor. Die folgenden Gleichungen zeigen diesen Sachverhalt.

Quadratische Gleichung und Lösungsformel:

$$x^2 + px + q = 0$$

$$x_{1/2} = -\frac{p}{2} \pm \sqrt{\frac{p^2}{4} - q}.$$

Negativer Radikand:

$$\frac{p^2}{4} - q < 0, \quad \frac{p^2}{4} < q:$$

$$\sqrt{\frac{p^2}{4} - q} = \sqrt{-1}\sqrt{q - \frac{p^2}{4}} \ ;$$

$$\underline{x}_{1/2} = -\frac{p}{2} \pm j\sqrt{q - \frac{p^2}{4}}.$$

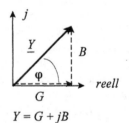

$$Y = G + jB$$

Bild 4.11 Zeiger der komplexen Größe $\underline{Y}$ in der Gaußschen Zahlenebene

Die reelle und die imaginäre Zahl bilden gemeinsam eine komplexe Zahl, die durch einen Unterstrich gekennzeichnet wird. Die beiden Lösungen unterscheiden sich durch das Vorzeichen der imaginären Zahl. Man bezeichnet sie als zueinander konjugiert komplexe Zahlen.

Bild 4.11 zeigt den Zeiger einer komplexen Größe $\underline{Y}$, die aus dem Realteil G und dem Imaginärteil B besteht.

Die Bildung des Realteils und des Imaginärteils kann auch wie folgt formuliert werden: $G = \mathrm{Re}\{\underline{Y}\}$, $B = \mathrm{Im}\{\underline{Y}\}$.

Bei den folgenden Gleichungen ist zuerst die *kartesische Form* der komplexen Größe dargestellt. Gleichung (1) stellt die Polarkoordinatenform dar. Nach Gleichung (2) wird der Betrag $Y = |\underline{Y}|$ der komplexen Zahl und nach Formel (3) der Winkel φ gegen die positive reelle Achse ermittelt. Die Tangensfunktion des Winkels ist der Quotient aus Imaginärteil und Realteil.

$$\underline{Y} = G + jB$$
$$\underline{Y} = Y(\cos\varphi + j\sin\varphi). \qquad (1)$$
$$Y = \sqrt{G^2 + B^2}, \qquad (2)$$
$$\tan\varphi = \frac{B}{G}, \quad \varphi = \arctan\frac{B}{G}. \qquad (3)$$

Die *Eulersche Formel* (4) gestattet die Darstellung einer komplexen Größe in der Exponentialform und die Rückwandlung in die kartesische Form.

Eulersche Formel:

$$e^{j\varphi} = (\cos\varphi + j\sin\varphi). \qquad (4)$$

Komplexe Größe: $\underline{Y} = Ye^{j\varphi}$.

Der Ausdruck $e^{j\varphi}$ ist ein Vektor der Länge 1, der in die vom Winkel φ bestimmte Richtung zeigt. Er ist somit der Einheitsvektor in φ-Richtung.

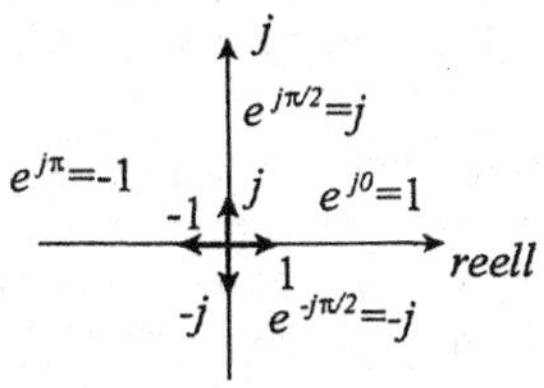

Bild 4.12 Einheitsvektoren in Richtung der Koordinatenachsen

Wendet man diese Darstellung auf die Richtungen der Achsen des kartesischen Koordinatensystems an, so können nach Bild 4.12 j und $-j = 1/j$ durch entsprechende e-Funktionen mit imaginären Exponenten ausgedrückt werden.

Addition und Subtraktion:

Die *Addition* in graphischer Form entspricht der Vektoraddition. Die verschiebbaren Zeiger werden aneinandergesetzt. Der Summenzeiger zeigt vom Anfang des ersten Zeigers zum Ende des letzten Zeigers. Ein Beispiel für Spannungszeiger wurde bereits in Bild 4.10 dargestellt.

Addition:

$$\underline{Y} = \underline{Y}_1 + \underline{Y}_2 = G_1 + jB_1 + G_2 + jB_2,$$
$$= G + jB, \quad G = G_1 + G_2, \; B = B_1 + B_2,$$
$$\underline{Y} = Y_1\cos\varphi_1 + Y_2\cos\varphi_2 +$$
$$+ j(Y_1\sin\varphi_1 + Y_2\sin\varphi_2).$$

Subtraktion ist Addition mit negativem Vorzeichen des Subtrahenden. Der Zeiger wird um 180° gedreht und danach addiert. Die Addition und die Subtraktion kann nur in kartesischer Form erfolgen!

Multiplikation:

Die Multiplikation der kartesischen Formen erfordert die gliedweise Produktbildung. Dabei muß $jj = j^2 = -1$ berücksichtigt werden. Das Ergebnis liegt dann wieder in kartesischer Form als Realteil und Imaginärteil vor. In der Exponentialform werden die Beträge multipliziert und die Winkel addiert.

Multiplikation:

$$\underline{Y} = \underline{Y}_1\underline{Y}_2 = (G_1 + jB_1)(G_2 + jB_2) = G + jB,$$
$$G = G_1G_2 - B_1B_2, \; B = G_1B_2 + B_1G_2,$$
$$\underline{Y} = Y_1e^{j\varphi_1}Y_2e^{j\varphi_2} = Y_1Y_2\,e^{j(\varphi_1 + \varphi_2)}.$$

Division:

Erwartet man ein Ergebnis in kartesischer Form, dann muß man den Bruch mit dem *konjugiert komplexen Nenner* erweitern. Dabei wird der Nenner reell, weil bei der Produktbildung konjugiert komplexer Zahlen die Imaginärteile bei entgegengesetztem Vorzeichen gleich groß sind. Einfacher ist die Division in der Exponentialform. Sie führt auf eine Division der Beträge von Zähler und Nenner und auf eine Subtraktion der Winkel von Zähler und Nenner.

Division:

$$\underline{Y}=\frac{\underline{Y_1}}{\underline{Y_2}}=\frac{G_1+jB_1}{G_2+jB_2}=G+jB;$$

konjugiert komplex erweitern:

$$\underline{Y}=\frac{G_1+jB_1}{G_2+jB_2}\cdot\frac{G_2-jB_2}{G_2-jB_2};$$

$$G=\frac{G_1G_2+B_1B_2}{G_2^2+B_2^2}, \quad B=\frac{-G_1B_2+B_1G_2}{G_2^2+B_2^2},$$

$$\underline{Y}=\frac{Y_1e^{j\varphi_1}}{Y_2e^{j\varphi_2}}=\frac{Y_1}{Y_2}e^{j(\varphi_1-\varphi_2)}.$$

Die hier zusammengestellten Gleichungen für die Multiplikation und die Division können vom Leser leicht selbst nachgeprüft werden. Ein Sonderfall der Division ist die in der Elektrotechnik häufig benutzte *Inversion* oder Kehrwertbildung.

Inversion:

$$\underline{Z}=\frac{1}{\underline{Y}}=\frac{1}{G+jB}=R+jX;$$

$$\underline{Z}=\frac{1}{G+jB}\cdot\frac{G-jB}{G-jB}.$$

$$R=\frac{G}{G^2+B^2}, \quad X=\frac{-B}{G^2+B^2},$$

$$\underline{Z}=\frac{1}{Ye^{j\varphi_y}}=\frac{1}{Y}e^{j\varphi_z}, \quad \varphi_z=-\varphi_y, Z=\frac{1}{Y}.$$

4.6 Symbolische Methode der Wechselstromtechnik

Bezeichnungen

Wechselströme und -spannungen werden nun durch komplexe Größen dargestellt. Sie symbolisieren einen Strom $\underline{i}$, $\underline{\hat{i}}$ und $\underline{I}$ oder eine Spannung $\underline{u}$, $\underline{\hat{u}}$ und $\underline{U}$ und werden durch Unterstrich gekennzeichnet. Hierbei bedeutet $\underline{u}(t) = \underline{u}$ die *komplexe Zeitfunktion* oder geometrisch den *rotierenden Zeiger*

wie er in Bild 4.7 dargestellt wurde. Die Amplitude A wird jetzt durch $\hat{u}$ ersetzt und entspricht der Länge des Zeigers. Die Rotation beginnt zum Zeitpunkt $t=0$ mit dem Nullphasenwinkel φ_u. Die Exponentialform mit einer Summe im Exponenten wird, wie in den folgenden Gleichungen angegeben, in das Produkt der beiden e-Funktionen umgewandelt. Ein Faktor entspricht dem rotierenden Einheitszeiger. Der andere Faktor ist der Einheitszeiger, dessen Richtung durch φ_u vorgegeben ist. Er wird mit der Amplitude multipliziert zur komplexen Amplitude $\underline{\hat{u}}$ zusammengefaßt. In der folgenden Gleichung wird als weitere komplexe Spannungsgröße der *komplexe Effektivwert* $\underline{U}$ definiert. Man erhält ihn durch Division der komplexen Amplitude mit $\sqrt{2}$.

$$\underline{u}(t)=\hat{u}(\cos(\omega t+\varphi_u)+j\sin(\omega t+\varphi_u)),$$

$$\underline{u}(t)=\hat{u}e^{j(\omega t+\varphi_u)}=\hat{u}e^{j\omega t}\,e^{j\varphi_u}=\underline{\hat{u}}e^{j\omega t}.$$

Komplexe Amplitude: $\underline{\hat{u}}=\hat{u}e^{j\varphi_u}$.

Komplexer Effektivwert:

$$\underline{U}=\frac{\hat{u}}{\sqrt{2}}e^{j\varphi_u}=Ue^{j\varphi_u}=\frac{\underline{\hat{u}}}{\sqrt{2}}.$$

Die *komplexe Amplitude* $\underline{\hat{u}}$ stellt den *ruhenden Amplitudenzeiger* dar, der für alle Wechselstromschaltungen, die mit nur einer Kreisfrequenz ω betrieben werden, zur Beschreibung ausreicht. Durch Multiplikation mit dem "Einheits-Drehzeiger" $e^{j\omega t}$ erhält man den rotierenden Zeiger $\underline{u}(t)= \underline{u}$. Der *Effektivwertzeiger* $\underline{U}$ wird aus praktischen Gründen hauptsächlich zur Beschreibung von Wechselspannungen und in Zeigerbildern verwendet.

In Bild 4.13 sind die Zeiger dargestellt. Der rotierende Spannungszeiger, gestrichelt gezeichnet, besitzt die Länge der Amplitude und rotiert mit der Winkelgeschwindigkeit ω , die der Kreisfrequenz entspricht. Setzt man $t = 0$, so kann er auch als ruhender Amplitudenzeiger aufgefaßt werden. Verkürzt man ihn um den Faktor $1/\sqrt{2}= 0{,}707$, so kommt man zum Effektivwertzeiger, er ist als volle Linie dargestellt.

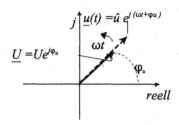

Bild 4.13 Darstellung des rotierenden Zeigers $\underline{u}$, des Amplitudenzeigers $\underline{\hat{u}}$ (ohne Zeitpfeil) und des Effektivwertzeigers $\underline{U}$

Eine analoge Darstellung gilt für die komplexen Stromgrößen.

Transformation einer sinusförmigen Zeitfunktion in eine komplexe Größe

Zur vorgegebenen Zeitfunktion

$$u(t)=\hat{u}\cos(\omega t+\varphi_u)$$

wird der Imaginärteil hinzugefügt:

$$j\hat{u}\sin(\omega t+\varphi_u).$$

Man kommt zur Exponentialform:

$$\hat{u}e^{j(\omega t+\varphi_u)}=\underline{\hat{u}}e^{j\omega t},$$

$$\underline{\hat{u}}=\hat{u}e^{j\varphi_u}=\sqrt{2}Ue^{j\varphi_u}$$

Der ursprünglichen Zeitfunktion $u(t)$ oder dem originalen Wertepaar, Spannung und Zeit, wird ein zweites Wertepaar, die komplexe Amplitude $\underline{\hat{u}}$ und die Kreisfrequenz ω, zugeordnet. Man spricht von einer *mathematischen Transformation*. Die komplexe Amplitude wiederum enthält zwei Größen, den Betrag und den Winkel, die beide von der Kreisfrequenz ω abhängen.

Rechnen mit komplexen Amplituden oder Effektivwerten

Die komplexe Amplitude des Stromes wird durch Multiplikation der komplexen Amplitude der Spannung mit einer weiteren komplexen Größe, dem komplexen Leitwert $\underline{Y}$, ermittelt. Die gleiche Regel gilt für die komplexen Effektivwerte.

$$\underline{\hat{i}}=\underline{\hat{u}}\,\underline{Y}, \quad \hat{i}e^{j\varphi_i}=\hat{u}e^{j\varphi_u}Ye^{j\varphi_y}$$

Jede komplexe Gleichung entspricht zwei Gleichungen mit rellen Größen. Hier müssen die Beträge und die Winkel beider Seiten gleich sein:

$$\hat{i}=\hat{u}\,|\underline{Y}|=\hat{u}\,Y, \quad \varphi_i=\varphi_u+\varphi_y.$$

Der komplexe Leitwert $\underline{Y}$ wurde bereits im Abschnitt 4.4.5 als Beispiel für eine komplexe Größe eingeführt. Er bedeutet die Verallgemeinerung des Leitwertes G und umfaßt auch die Schaltelemente L und C, deren Strom-Spannung-Gleichungen entweder ein Differentialquotient nach der Zeit t oder ein Integral über t sind. Bei der Behandlung der Grundschaltelemente wird gezeigt, daß nach der Transformation vereinfachend die Differentiation einer Multiplikation mit $j\omega$ und die Integration einer Division mit $j\omega$ entspricht.

Rücktransformation der komplexen Größe in die Zeitfunktion durch Weglassen des Imaginärteils, *Realteilbildung:*

$$i(t)=\mathrm{Re}\{\underline{i}(t)\}=\mathrm{Re}\{\underline{\hat{i}}\,e^{j\omega t}\}=\mathrm{Re}\{\underline{\hat{u}}\,\underline{Y}e^{j\omega t}\},$$

$$i(t)=\hat{i}\cos(\omega t+\varphi_i)=\hat{u}\,|\underline{Y}|\cos(\omega t+\varphi_u+\varphi_y).$$

Komplexe Netzwerkgrößen

Der komplexe Leitwert $\underline{Y}$ oder die *Admittanz* ist der Quotient aus zwei komplexen Effektivwerten oder aus zwei komplexen Amplituden:

$$\underline{Y}=\underline{I}/\underline{U}=\underline{\hat{i}}/\underline{\hat{u}}=Ye^{j\varphi_Y}.$$

Er hängt allein von den Werten der Schaltelemente des Zweipols ab. Der Winkel des komplexen Leitwertes wird mit φ_y bezeichnet. Weitere Begriffe sind in der folgenden Übersicht zu finden:

Admittanz:

$$\underline{Y}=G+jB=Ye^{j\varphi_y};$$

$$|\underline{Y}|=Y=\sqrt{G^2+B^2},$$

$$\varphi_y=-\varphi_z=\arctan\frac{B}{G},$$

Y Scheinleitwert, G Wirkleitwert, B Blindleitwert.

In gleicher Weise kann auch der komplexe Widerstand, *die Impedanz*, definiert werden. Er wird durch Inversion mit $\underline{Z} = 1/\underline{Y}$ aus dem komplexen Leitwert bestimmt. Der Winkel des komplexen Widerstandes entspricht dem negativen Winkel des Leitwertes: $\varphi_z = -\varphi_y$.

Impedanz:

$$\underline{Z} = R + jX = e^{j\varphi_z} \; ;$$

$$|\underline{Z}| = Z = \sqrt{R^2 + X^2} \, ,$$

$$\varphi_z = \arctan\frac{X}{R} .$$

Z Scheinwiderstand, R   Wirkwiderstand,
X Blindwiderstand.

Der Betrag der Impedanz wird als Scheinwiderstand bezeichnet. Der Realteil heißt Wirkwiderstand, der Imaginärteil heißt Blindwiderstand.

Diese beiden komplexen Netzwerkgrößen $\underline{Z}$ und $\underline{Y}$ beschreiben Wechselstromzweipole. Weitere wichtige Netzwerkgrößen sind das mit der Spannungsteilerregel ermittelte *Spannungsverhältnis*:

$$\underline{T}_U = \underline{U}_2 / \underline{U}_1$$

oder das mit der Stromteilerregel ermittelte *Stromverhältnis*:

$$\underline{T}_I = \underline{I}_2 / \underline{I}_1 .$$

Mit den komplexen Netzwerkgrößen kann so gearbeitet werden wie mit den entsprechenden reellen Größen in der Gleichstromtechnik. Davon abweichend bestehen sie aber aus zwei Teilen, der Wirk- und der Blindkomponente oder aus dem Betrag und dem Winkel, die beide im Allgemeinfall Funktionen der Kreisfrequenz ω sind.

Die Gesetze elektrischer Gleichstromnetzwerke können unverändert auf komplexe Amplituden $\underline{\hat{u}}$ und $\underline{\hat{i}}$ oder auf komplexe Effektivwerte $\underline{U}$ und $\underline{I}$ angewendet werden. Eine komplexe Gleichung stellt eine kompakte Schreibweise für zwei reelle Gleichungen dar.

Die Operationen mit der komplexen e-Funktion vereinfachen und formalisieren die Berechnung von Wechselstromschaltungen. Hieraus wird auch die bevorzugte Verwendung der Kosinusfunktion zur Beschreibung einer sinusförmigen Wechselgröße klar.

Die *Wirkung,* d.h. die gesuchte Zeitfunktion, hier der Strom $i(t)$, wird aus der gegebenen *Ursache*, hier aus der Spannung $u(t)$, berechnet durch Hinzuaddieren des Winkels φ_y und Multiplikation der Amplitude mit dem Betrag des komplexen Leitwertes.

4.7   Einfache Wechselstromkreise

4.7.1 Grundschaltelemente R, L, C

Widerstand R
Führt ein Widerstand R einen Wechselstrom $i(t) = \hat{\imath} \cos\omega t$, dann hat die Spannung die Zeitfunktion $u(t) = \hat{\imath} R \cos\omega t$. Ihre Amplitude ist $\hat{u} = \hat{\imath} R$. Der komplexe Widerstand eines Ohmschen Elementes ist reell. Strom und Spannung sind in Phase, Strom- und Spannungszeiger verlaufen parallel. Die Quotienten

$$\underline{i}(t)/\underline{u}(t) = \underline{Z} = R$$

$$\underline{U}/\underline{I} = \hat{u}/\hat{\imath} = R$$

sind somit ein "reeller" Widerstand, also eine Größe mit der Einheit Ω, die nur einen Realteil aufweist, der Imaginärteil ist Null.

Alle Zeiger des U-I-Zeigerbildes liegen daher im Bild 4.14 a) auf der reellen Achse.

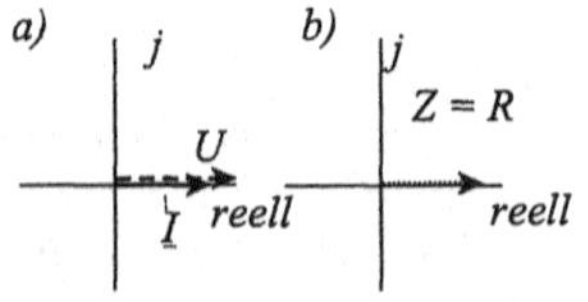

Bild 4.14 Reeller Widerstand a) U-I-Zeigerbild b) Z-Zeigerbild

Die beiden Größen U und I mit unterschiedlichen Einheiten wurden gemeinsam in einer komplexen Ebene zum besseren Vergleich dargestellt. Die Zweipolfunktion $\underline{Z}$ selbst kann ebenfalls in einer komplexen Ebene, der Z-Ebene, dargestellt werden, wie in Bild b) gezeigt wird.

Induktivität L

Die Stromzeitfunktion $i(t) = \hat{i} \cos\omega t$ sei vorgegeben. Die komplexe Zeitfunktion mit dem Nullphasenwinkel Null lautet:

$$\underline{i}(t) = \hat{i}\, e^{j\omega t}.$$

Sie muß differenziert werden, um die Spannung zu erhalten:

$$\underline{u}(t) = L\, d\underline{i}(t)/dt\,,\ \underline{u}(t) = j\omega L\, \hat{i}\, e^{j\omega t},$$

$$\underline{i}(t)/\underline{u}(t) = \hat{u}\,/\,\hat{i} = \underline{U}\,/\underline{I} = \underline{Z} = j\omega L\,.$$

Ersetzt man j durch den Ausdruck $j = e^{j90°}$, so wird zum Exponenten des rotierenden Einheitszeigers 90° addiert.

$$\underline{u}(t) = \omega L \hat{i}\, e^{j(\omega t + 90°)}$$

Die Ergebniszeitfunktion lautet:

$$u(t) = Re\{\underline{u}(t)\} = \omega L \hat{i}\, \cos(\omega t + 90°)$$

$$= -\omega L \hat{i}\, \sin(\omega t)$$

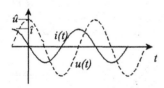

Bild 4.15 Strom- und Spannungszeitfunktion an der Induktivität

Die Spannung eilt dem Strom um 90° voraus, wie es in Bild 4.15 für die Zeitfunktionen und in Bild 4.16 für die Zeiger gezeigt wird. Die komplizierte mathematische Ableitung muß nicht jedesmal neu erfolgen, sie dient als Beispiel für die Anwendung der Transformation.

Wesentliches Ergebnis ist:

> *Eine Induktivität entspricht einer Impedanz der Form $\underline{U}\,/\underline{I} = \underline{Z} = j\omega L$.*

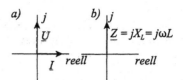

Bild 4.16 Imaginärer Widerstand einer Induktivität a) U-I Zeigerbild b) Z-Zeigerbild

Kapazität C

Die Spannungszeitfunktion $u(t) = \hat{u} \cos\omega t$ sei vorgegeben. Die komplexe Zeitfunktion mit dem Nullphasenwinkel Null lautet:

$$\underline{u} = \hat{u}\, e^{j\omega t}$$

Sie muß differenziert werden, um den Strom zu erhalten:

$$\underline{i}(t) = C\, d\underline{u}(t)/dt\,,$$

$$\underline{i}(t) = j\omega C\, \hat{u}\, e^{j\omega t}\,,$$

$$\underline{i}(t)/\underline{u}(t) = \hat{i}/\hat{u} = \underline{I}\,/\underline{U} = \underline{Y} = j\omega C\,.$$

Mit $j = e^{j90°}$ wird

$$\underline{i}(t) = \omega C \hat{u}\, e^{j(\omega t + 90°)}$$

Die Ergebniszeitfunktion lautet:

$$i(t) = Re\{\underline{i}(t)\} = \omega C \hat{u}\, \cos(\omega t + 90°)$$

$$= -\omega L \hat{u}\, \sin(\omega t)$$

Wesentliches Ergebnis ist:

> *Eine Kapazität entspricht einer Impedanz der Form $\underline{U}\,/\underline{I} = \underline{Z} = 1/\,j\omega C$ oder einer Admittanz der Form $\underline{Y} = j\omega C$.*

Die Spannung eilt dem Strom um 90° nach, wie die Bilder 4.17, 4.18 der Zeiger und der Zeitfunktionen zeigen.

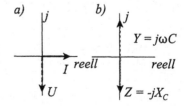

Bild 4.17 Imaginärer Widerstand einer Kapazität a) U-I-Zeigerbild b) Z-Zeigerbild

Ferner gilt:

*Die Differentiation einer komplexen Zeit-
funktion entspricht der Multiplikation der
komplexen Amplitude mit $j\omega$.*

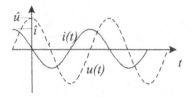

Bild 4.18 Zeitfunktionen von Strom und Spannung an einer Kapazität

4.7.2 R-L-Reihenschaltung

Die Schaltung in Bild 4.19 führt einen
Strom mit der Zeitfunktion

$i(t) = \hat{\imath} \cos (\omega t + \varphi_i)$.

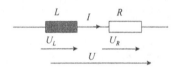

Bild 4.19 R-L-Reihenschaltung

Zeigerbilder

Zuerst soll das U-I-Zeigerbild und das Zeigerbild des komplexen Widerstandes $\underline{Z}$ gezeichnet werden.

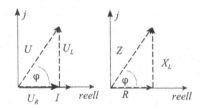

Bild 4.20 Komplexer Widerstand einer
R-L-Reihenschaltung a) U-I-Zeigerbild
b) Z-Zeigerbild

Man wählt den Stromzeiger $\underline{I}$ als Bezugszeiger. Der Strom ist die gemeinsame Grö-
ße einer Reihenschaltung. In Phase mit dem
Strom ist die Spannung am Widerstand R,

während die Spannung U_L an der Induktivität 90° voreilt. Die vektorielle Addition beider Spannungen führt auf die Gesamtspannung $\underline{U}$.

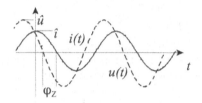

Bild 4.21 Zeitfunktionen von Strom und Spannung an einer R-L-Reihenschaltung

Komplexer Widerstand

Der komplexe Widerstand $\underline{Z}$, sein Scheinwiderstand und Winkel sind in der folgenden Tafel zu finden. Der Scheinwiderstand
wird nach Bild 4.20 b) aus der Summe der
Quadrate von Wirkwiderstand R und Blindwiderstand $\omega L = X$ im rechtwinkligen Drei-
eck der Widerstandszeiger nach dem Pythagoras bestimmt. Der Winkel, der durch
Drehung des Ursachenzeigers I in den Wir-
kungszeiger U entsteht, wird mit der Tan-
gensfunktion bestimmt. Die Spannung U_R
in I-Richtung heißt auch *Wirkspannung*, die
Spannung U_L senkrecht dazu heißt *Blindspannung*.

R-L Reihenschaltung:

$$\underline{Z} = R + j\omega L;$$
$$Z = \sqrt{R^2 + (\omega L)^2} \; ; \; \varphi_z = \arctan\frac{\omega L}{R}.$$
$$\underline{U} = \underline{I}\,\underline{Z} = I Z e^{j(\varphi_i + \varphi_z)},$$
$$u(t) = \hat{\imath} Z \cos(\omega t + \varphi_i + \varphi_z).$$

Zeitfunktion der Gesamtspannung u(t)

In der Gleichung $\underline{U} = \underline{Z}\,\underline{I}$ können die komplexen Effektivwerte durch die komplexen
Amplituden oder auch durch die komplexen Zeitfunktionen ersetzt werden. Die
Rücktransformation der komplexen Spannungszeitfunktion führt auf das Ergebnis
$u(t)$ in der letzten Zeile der Tafel.

Die Berechnung der Ergebniszeitfunktion aus der Ursachenzeitfunktion besteht also in ihrer Transformation in die komplexe Zeitfunktion, in ihrer Multiplikation mit der Netzwerkfunktion $\underline{Z}$ und der anschließenden Rücktransformation.

Die Amplitude der Zeitfunktion des Ergebnisses berechnet sich aus der Amplitude des verursachenden Stromes multipliziert mit dem Betrag der Netzwerkfunktion, hier mit dem Scheinwiderstand Z. Zum Winkel des Stromes muß der Winkel des komplexen Widerstandes φ_z hinzu addiert werden.

Komplexes R-L-Spannungsteilerverhältnis
In gleicher Weise wird auch die Teilspannung an der Induktivität aus der Gesamtspannung berechnet, wie die folgenden Gleichungen zeigen:

R-L-Spannungsteiler:

$$\frac{\underline{U}_L}{\underline{U}}=\underline{T}=\frac{j\omega L}{R+j\omega L}=\frac{\omega L}{\sqrt{R^2+(\omega L)^2}}e^{j\varphi_T},$$

$$\varphi_T=\frac{\pi}{2}-\arctan\frac{\omega L}{R}.$$

Das komplexe Spannungsteilerverhältnis heißt auch Übertragungsfunktion $\underline{T}$. Sie wurde als Verhältnis des Teilwiderstandes $j\omega L$ zum Gesamtwiderstand $\underline{Z}$ aufgestellt.

Nach den Rechenregeln für komplexe Größen erhält man den Betrag $T=|\underline{T}|$ durch getrennte Betragsbildung des Zählers und des Nenners. Der Winkel entspricht der Differenz der Winkel des Zählers und des Nenners. Der Winkel des Zählers ist 90° oder $\pi/2$, wegen $j = e^{j90°}$.

4.7.3 R-C-Parallelschaltung
Gegeben ist die Schaltung nach Bild 4.22 und die Spannungszeitfunktion
$u(t) = \hat{u}\cos(\omega t + \varphi_u)$.

Zeigerbilder

Ähnlich wie in Abschnitt 4.7.2 sollen das U-I-Zeigerbild und das Zeigerbild des komplexen Leitwertes $\underline{Y}$ entwickelt werden.

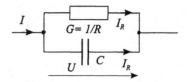

Bild 4.22 R-C-Parallelschaltung

Eine weitere Aufgabe ist die Bestimmung des komplexen Effektivwertes, d.h. des Betrages und des Winkels des Stromes I.

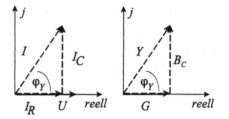

Bild 4.23 Komplexer Leitwert einer *R-C*-Parallelschaltung a) *U-I*-Zeigerbild b) *Y*-Zeigerbild

Der komplexe Leitwert, sein Scheinleitwert Y und sein Winkel werden aus dem Wirkleitwert G und dem Blindleitwert $\omega C = B_c$ berechnet.

Der Betrag des Gesamtstromes ist die geometrische Summe aus dem Wirkstrom I_R und dem Blindstrom I_C.

Wie bei Gleichstromschaltungen kann hier auch die Stromteilerregel auf die komplexen Leitwerte einer Parallelschaltung angewendet werden.

R-C-Parallelschaltung:

$$\underline{Y}=G+j\omega C;$$
$$Y=\sqrt{G^2+(\omega C)^2};\varphi_y=\arctan\frac{\omega C}{G}.$$
$$\underline{I}=\underline{U}\,\underline{Y}=UYe^{j(\varphi_u+\varphi_y)},$$
$$i(t)=\hat{u}Y\cos(\omega t+\varphi_u+\varphi_y).$$

Zahlenbeispiel:

An eine R-C-Parallelschaltung mit dem Wirkleitwert $G = 0,1$ mS und dem Blindleitwert $B_C= 0,1732$ mS wird eine Spannung mit dem Effektivwert $U = 10V$ und dem Winkel $\varphi_u = 0$ mit der Kreisfrequenz 314·1/s angelegt.

Bestimmen Sie

a) die Kapazität C, den komplexen Leitwert $\underline{Y}$, den Scheinleitwert Y und den Winkel φ_Y,

b) den komplexen Effektivwert der Ströme $\underline{I}$ und $\underline{I_C}$,

c) den Schein-, Wirk- und Blindwiderstand.

Lösung:

a) $C = B_C/\omega = 551,3$ μF,

$\underline{Y} = (0,1 + j\,0,1732)$ mS $= 0,2$ mS $e^{j60°}$;

$\varphi_y = \arctan 1,732 = 60°$.

b) $\underline{I} = \underline{Y}\,\underline{U} = 2$ mA $e^{j60°}$,

$\underline{I_C} = jB_C\,\underline{U} = 0,1732$ mA $e^{j90°} = j0,1732$ mA.

$$\underline{Z} = \frac{1}{\underline{Y}} = \frac{1}{0,2\text{mSe}^{j60°}} = 5\text{k}\Omega e^{-j60°}$$

c) $= 5\text{k}\Omega(\cos(-60°) + j\sin(-60°)) =$
$= (2,5 - j4,33)\text{k}\Omega.$

4.7.4 Ersatzzweipolschaltung

Die Umkehrung der Analyse-Aufgabe besteht darin, bei gegebenen U- und I-Zeigern einen Ersatzzweipol für eine ebenfalls vorgegebene feste Kreisfrequenz ω zu bestimmen. Dazu genügt es, eine Messung des Stromes I, der Spannung U und des Winkels φ_z an dem Zweipol durchzuführen.

Induktiver Zweipol

Eilt der U-Zeiger dem I-Zeiger um den Winkel φ_z voraus, dann ist der Winkel positiv. Der Zweipol hat *induktives* Verhalten. Durch Division bestimmt man den Scheinwiderstand als Betrag des komplexen Widerstandes und wendet auf die Exponentialfunktion die Eulersche Formel an.

$Z = U/I$; $\underline{Z} = Z\,e^{j\varphi_z}$;

$\underline{Z} = Z\,(\cos \varphi_z + j \sin \varphi_z) = R + j\omega L.$

Hieraus kann sofort R und L der Ersatzreihenschaltung bestimmt werden.

Wählt man den reziproken Quotienten I/U, den Leitwert, so gilt:

$\underline{Y} = \underline{I}/\underline{U} = 1/\underline{Z} = Y\,e^{-j\varphi_z}$;

$\underline{Y} = Y(\cos \varphi_z - j \sin \varphi_z) = G - j\,(1/\omega L_p)$;

$R_p = 1/G = 1/(Y \cos \varphi_z)$;

$L_p = 1/(\omega Y \sin \varphi_z)$.

Hieraus können die Schaltelemente die Ersatzparallelschaltung R_p und L_p bestimmt werden. Dieser Sachverhalt kann in folgendem Satz formuliert werden.

> *Ein Zweipol ist induktiv, wenn die Spannung dem Strom um φ_z vorauseilt. Jeder induktive komplexe Zweipol kann für eine vorgegebene Frequenz entweder als Reihenschaltung von L und R oder als Parallelschaltung von R_p und L_p nachgebildet werden.*

Kapazitiver Zweipol

Bei negativem Winkel φ_z eilt der Strom der Spannung voraus. Dann weist der Zweipol kapazitives Verhalten auf.

> *Ein Zweipol ist kapazitiv, wenn die Spannung dem Strom um φ_z nacheilt. Jeder kapazitive komplexe Zweipol kann für eine vorgegebene Frequenz entweder als Parallelschaltung von R und C oder als Reihenschaltung von C_r und R_r nachgebildet werden.*

Der komplexe Leitwert kann als Parallelschaltung einer Kapazität C mit dem Leitwert G aufgefaßt werden.

$\underline{Y} = 1/\underline{Z} = Y/e^{j\varphi_z} = Y\,e^{-j\varphi_z}$,

$\underline{Y} = Y(\cos \varphi_z - j \sin \varphi_z) = G + j\omega C.$

Wegen $\varphi_z < 0$ ist der Imaginärteil positiv.

Zahlenbeispiel:

An einen komplexen Zweipol wird eine Spannung mit dem Effektivwert $U = 10V$ mit der Kreisfrequenz 314 1/s ($f = 50$ Hz) angelegt. Der Winkel wird mit $\varphi_u = 0$ angenommen und ein Strom mit dem Effektivwert $I = 0,1A$ gemessen. Am Oszilloskop wird festgestellt, daß der Strom der Spannung 30° nacheilt.

Liegt induktives oder kapazitives Verhalten vor? Wie sind die Schaltelemente einer Ersatz-Reihenschaltung zu wählen?

Lösungsweg: Die Spannung eilt voraus, der Zweipol ist induktiv und damit eine Reihenschaltung von R und L. Der Scheinwiderstand ist der Quotient aus U und I, sein Winkel beträgt $\varphi_z = \varphi_u - \varphi_i = 30°$. Damit kann der komplexe Widerstand formuliert und mit der Eulerschen Formel in Realteil und Imaginärteil umgewandelt werden.

$Z = U/I = 100\ \Omega$; $\underline{Z} = Z\,e^{j\varphi_z}$, $\varphi_z = 30°$;

$\underline{Z} = 100\ \Omega\,(\cos 30° + j\,\sin 30°) =$

$= R + j\omega L = (86{,}6 + j50)\ \Omega$.

$R = 86{,}6\ \Omega$, $\omega L = 50\ \Omega$, $L = 0{,}1592$ H.

4.7.5 Reihenschwingkreis

Schaltung und Zeigerbilder

Die Schaltung enthält beide Blindschaltelemente, eine Induktivität L und eine Kapazität C sowie einen Ohmschen Widerstand R. Dadurch ergeben sich neue Qualitätsmerkmale, die hier nicht ausführlich behandelt werden können.

Die wichtigste Eigenschaft ist das Resonanzverhalten. Die Spannung an beiden Blindelemente U_L oder U_C kann bei der Resonanzfrequenz einzeln viel größer werden als die Gesamtspannung U .

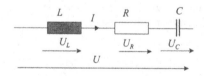

Bild 4.24 Schaltung eines Reihenschwingkreises

Das Zeigerbild für Strom und Spannung wird aus dem vorzugebenden gemeinsamen Strom I heraus entwickelt. Die Spannung über R ist in Phase zum Strom, die Spannung über L eilt 90° voraus und die Spannung über C eilt 90° nach.

Der resultierende Zeiger für die Spannung oder für den komplexen Widerstand kann je

nach gewählter Frequenz sowohl induktiv als auch kapazitiv sein. Hier ist der induktive Fall gezeichnet. Der Spannungszeiger U und auch der Z-Zeiger bewegen sich bei Änderung der Frequenz auf einer Parallelen zur Ordinate, die auch in den 4. Quadranten hinein fortgesetzt wird. Diese Parallele heißt auch Ortskurve. Die Blindwiderstände haben unterschiedliches Vorzeichen und sind bei der Resonanzfrequenz entgegengesetzt gleichgroß.

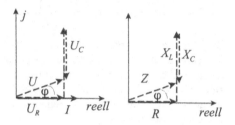

Bild 4.25 Komplexer Widerstand einer R-L-C-Reihenschaltung a) U-I-Zeigerbild b) Z-Zeigerbild

Komplexer Widerstand

Der Blindwiderstand ist die Differenz aus den Blindwiderständen der Induktivität und der Kapazität. Für den Ausdruck $1/j$ wird $-j$ gesetzt, um die Imaginärteile des komplexen Widerstandes zusammenzufassen. Der komplexe Widerstand, der Scheinwiderstand und der Winkel des Reihenschwingkreises sind durch die folgenden Gleichungen gegeben.

$$\underline{Z} = R + j\left(\omega L - \frac{1}{\omega C}\right),$$

$$Z = \sqrt{R^2 + \left(\omega L - \frac{1}{\omega C}\right)^2},$$

$$\varphi_Z = \arctan\left(\frac{\omega L - \dfrac{1}{\omega C}}{R}\right).$$

Resonanzfrequenz und Güte

Bei der Resonanzkreisfrequenz ω_0 wird der Blindwiderstand Null: $X = \omega_0 L - \dfrac{1}{\omega_0 C} = 0$.

Der kapazitive und der induktive Blindwiderstand sind gleichgroß mit entgegengesetztem Vorzeichen. Die Auflösung nach ω_0 führt auf eine Gleichung für die Resonanzkreisfrequenz, die auch Thomsonsche Schwingungsgleichung heißt.

$$\text{Resonanzkreisfrequenz: } \omega_0 = \frac{1}{\sqrt{LC}}.$$

Eine weitere Kenngröße ist die *Güte Q*, das Verhältnis von Blindwiderstand nur einer Komponente bei der Resonanzfrequenz ω_0 zum Wirkwiderstand R. Andere Bezeichnungen für die Güte sind *Resonanzschärfe* und *Resonanzüberhöhung*.

$$\text{Güte: } Q = \frac{\omega_0 L}{R} = \frac{1}{R\omega_0 C} = \frac{1}{R}\sqrt{\frac{L}{C}}.$$

Frequenzgang des Scheinwiderstandes Z

Das Bild 4.26 zeigt die Frequenzabhängigkeit der Blindwiderstände der einzelnen Komponenten und des Scheinwiderstandes Z. Der Blindwiderstand der Induktivität steigt linear mit der Frequenz an, der Blindwiderstand der Kapazität fällt hyperbolisch ab.

Die Abszisse des Schnittpunktes der Hyperbel der Kapazität und der Geraden der Induktivität ist die Resonanzfrequenz ω_0. Hier erreicht der Scheinwiderstand den Minimalwert R. Ist R groß, dann ist die Güte bzw. die Resonanzschärfe des Kreises niedrig und das Minimum wird breit und flach.

Eine steile schmale Kurve erhält man bei hohen Güten. Die $Z(\omega)$–Funktion beginnt oberhalb der Hyperbel für die Kapazität und verläuft auch bei hohen Frequenzen oberhalb der Geraden. Bei der Resonanzfrequenz erreicht sie den Wert R.

Genauere Untersuchungen ergeben, daß sowohl das *Resonanzverhalten* als auch die Form des Einschwingvorgangs beim Ein-

schalten von der Güte Q abhängen und sich bei dem *kritischen Wert Q* $=1/2$ ändern. Für $Q > 1/2$ erreicht die Spannung an C oder L ein Maximum, das um den Faktor Q größer als die Gesamtspannung U ist. Diese Eigenschaft wird durch den Begriff *Resonanzüberhöhung* besonders gut charakterisiert.

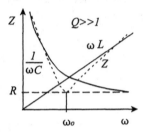

Bild 4.26 Frequenzabhängigkeit des Scheinwiderstandes eines Reihenschwingkreises

Der Einschwingvorgang beim Einschalten einer Gleichspannung geht bei $Q \geq 1/2$ vom aperiodischen Fall in den Schwingfall über.

4.7.6 Beispiel zum komplexen Widerstand

Zur vorgegebenen Schaltung nach Bild 4.27 soll der komplexe Widerstand als Wirk- und Blindwiderstand und als Scheinwiderstand und Winkel bei der Frequenz 50Hz bestimmt werden.

Zunächst wird der Blindwiderstand der Kondensatoren ermittelt:

$X_C = 1/(\omega C) = 1/(2\pi f C) = 106,1\Omega$.

Mit dem komplexen Widerstand der Kapazität $Z_C = -j X_C$ kann so wie bei Gleichstromschaltungen gearbeitet werden.

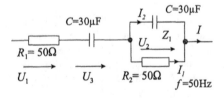

Bild 4.27 Zweipol mit Kondensatoren und Widerständen

Der gesamte komplexe Widerstand des Zweipols wird

$\underline{Z} = R_1 - jX_C + \underline{Z}_1$; $\underline{Z}_1 = (-jX_C R_2)/(-jX_C + R_2)$

$\underline{Z}_1 = -(j106,1 \cdot 50)/(50 - j106,1)\}\Omega$

$= -5305 \ (50 + j101,6)/(50^2 + 106,1^2)$

$\underline{Z} = \{(50 - j106,1) + 40,91 - j19,28\}\Omega$

$= (90,91 - j125,38) \ \Omega = 154,9 \ \Omega \ e^{-j54,05°}$.

Der komplexe Widerstand besteht aus drei Summanden, dem Reihenwiderstand, der Reihenkapazität und der Parallelschaltung des Widerstandes und der Kapazität. Für die Parallelschaltung wurde die Formel für zwei Elemente auf $-jX_C||R_2 = (-j106,1 || 50)$ angewendet. Durch Erweiterung des Bruches mit dem konjugiert komplexen Nenner erhält man $\underline{Z}_1 = 40,91 - j19,28$.

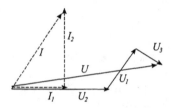

Bild 4.28 Zeigerbild

Zur qualitativen Konstruktion des Zeigerbildes 4.28 geht man von der gemeinsamen Größe U_2 der Parallelschaltung aus. Der Strom I_1 durch den Widerstand zeigt parallel zu U_2, der Strom I_2 durch die Kapazität eilt 90° voraus. Nach dem Knotensatz werden beide Ströme vektoriell zum Gesamtstrom I addiert. In Phase zu I verläuft die Spannung U_1 über dem Widerstand R_1. Die Spannung über der Kapazität U_3 eilt um 90° nach.

4.7.7 Zeigerbilder

Das eben behandelte Beispiel veranlaßt dazu, Regeln für die Aufstellung von Zeigerbildern für alle Ströme und Spannungen einer Schaltung aufzustellen. Graphische Verfahren zur quantitativen Lösung von Aufgaben der Technik haben im Computerzeitalter etwas an Bedeutung verloren. Un-

bestreitbar ist aber ihre Anschaulichkeit. Häufig genügt eine Skizze um die Richtigkeit eines Ergebnisses zu bestätigen. Sie dienen vorzugsweise zur qualitativen Beurteilung der elektrischen Größen einer Schaltung.

Die Zeigerbilder werden aus dem Inneren der Schaltung heraus entwickelt. Entgegen aller Erwartungen kann man nicht von den in den meisten Fällen vorgegebenen Klemmengrößen ausgehen. Es gelten folgende Regeln:

Als *Bezugszeiger* wird die gemeinsame Größe eines elementaren Zweipols *im Inneren* der Schaltung gewählt. Bei einer Parallelschaltung ist die Spannung U, bei einer Reihenschaltung ist der Strom I die geeignete Bezugsgröße. Diesem Zeiger gibt man den Winkel 0° und legt eine geeignete Länge willkürlich fest, ohne den Wert der Größe zu kennen. Für eine exakte Konstruktion ist diese Länge der Maßstab für alle Spannungen in der Schaltung. Unabhängig davon muß auch für den ersten mit der Bezugsspannung verknüpften Strom eine Länge festgelegt werden. Mit Hilfe dieser den Maßstab festlegenden Bezugszeiger können alle weiteren Zeiger quantitativ ermittelt werden.

Für die einzelnen Schaltelemente gelten dann:

o Ohmscher Widerstand: der U-Zeiger und der I-Zeiger sind parallel,
o Induktivität: der I-Zeiger ist -90° gegen U-Zeiger gedreht (Strom eilt nach),
o Kapazität: der I-Zeiger ist +90° gegen U-Zeiger gedreht (Strom eilt vor).

An den Knoten werden die in ihrer Richtung festliegenden Ströme und in den Maschen werden die Spannungen vektoriell addiert.

Beispiele:
1. Zeigerbild nach Bild 4.28
Nach diesen Erklärungen betrachte der Leser erneut das Zeigerbild 4.28 und die zugehörige Schaltung. Die Spannung U_2 und der Strom I_1 wurden als Bezugsgrößen gewählt.

Sie lassen sich nicht weiter zerlegen. Die Richtung des Stromes I_2 wurde nach obiger Regel gefunden. Die Stromsumme I ermöglicht die Definition der Richtung von U_1 und U_3. Die Spannungssumme U findet man durch vektorielle Addition der Spannungen nach dem Maschensatz.

2. Blindleistungskompensation nach Bild 4.36

Vorausblickend wird das Zeigerbild für die Blindleistungskompensation betrachtet. Der nichtkompensierte Zweipol besteht aus der Reihenschaltung von R und L. Sein Zeigerbild 4.32 wird verwendet. Die gemeinsame Größe der Reihenschaltung ist I. Der Spannungszeiger U_R verläuft parallel und U_L eilt 90° vor. Die Vektorsumme ist die Gesamtspannung $\underline{U} = U_R + jU_L$. Zur Kompensation wird eine Kapazität C parallelgeschaltet. Zu $\underline{U}$ muß I_c um 90° voreilend angesetzt werden. C wurde so gewählt, daß die Stromsumme I_g noch nicht völlig in Phase mit U liegt.

3. Technische Eisenkernspule

Eisenkernspulen werden zur Drosselung des Wechselstromanteils bei der Glättung nach der Gleichrichtung angewendet. Ein Ersatzschaltbild bildet die komplizierten physikalischen Zusammenhänge näherungsweise nach.

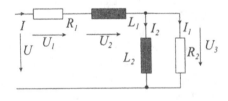

Bild 4.29 Ersatzschaltung einer Eisenkernspule

Zusätzlich zur einfachen Reihenschaltung von R_1 und L_2 einer Spule werden Eisenverluste durch Ummagnetisierung und durch Wirbelströme wirksam. Sie werden durch einen Widerstand R_2 parallel zur "Hauptinduktivität" L_2 berücksichtigt. Der Draht-

widerstand R_1 verursacht die sogenannten Kupferverluste und ist gemeinsam mit der Streuinduktivität L_1 in Reihe zur Hauptinduktivität anzuordnen.

Zur Konstruktion des Zeigerbildes beginne man mit der Parallelschaltung und gebe sich die Spannung U_3 vor. Mit dieser Spannung ist I_1 in Phase, I_2 eilt um 90° nach. Die Vektoraddition führt zum Gesamtstrom I. Mit I in Phase und daher parallel zu I ist U_1. Senkrecht darauf und voreilend muß U_2 angeordnet werden. Die vektorielle Summe der drei Spannungen führt zur Gesamtspannung U.

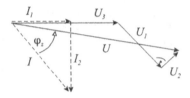

Bild 4.30 Zeigerbild zur Eisenkerndrossel

4.8 Leistung im Wechselstromkreis

4.8.1 Leistungsbegriffe

In Wechselstromkreisen gibt es zwei Leistungsarten, die *Wirkleistung P* und die *Blindleistung Q*. (Q wurde bereits auch in der anderen Bedeutung als die Güte eines Schwingkreises eingeführt.)

Wirkleistung

Die Wirkleistung tritt an reellen Widerständen auf. Der *Realteil* eines komplexen Widerstandes, der Wirkwiderstand R, bewirkt eine *irreversible* Energieumwandlung. Die elektrische Energie wird in *Wärme* umgewandelt. Wurden durch eine Schaltungsanalyse alle Ströme oder Spannungen der Schaltelemente schon berechnet, so ist die Wirkleistung die Summe aller durch die bekannten Formeln berechneten Einzelwirkleistungen P_k.

$$P_k = I_k^2 R_k = U_k^2 / R_k$$

Blindleistung

Der *Imaginärteil* eines komplexen Widerstandes, der Blindwiderstand, ist maßgebend für die *Blindleistung*. Die Energieumwandlung ist *reversibel*. Die elektrische Energie eines Stromkreises wird periodisch in *Feldenergie* umgewandelt, gespeichert und wieder zurück verwandelt. Sind alle Ströme oder Spannungen an den Blindschaltelementen bekannt, so ist die *Blindleistung* die *vorzeichenbehaftete Summe* aller durch die folgenden Formeln berechneten *Einzelblindleistungen*.

$$Q_{Lk} = I_k^2\, \omega L_k = U_k^2/\omega L_k$$

$$Q_{Ck} = -I_k^2\,(1/\omega C_k) = -U_k^2\omega C_k$$

Die *induktive Blindleistung* Q_L wird positiv und die *kapazitive Blindleistung* Q_C wird negativ angesetzt. An den *Blindschaltelementen* L und C wird positive *Blindleistung* Q_L und negative Blindleistung Q_C umgesetzt. Die Energieumwandlung ist reversibel. Die elektrische Energie eines Stromkreises wird periodisch in magnetische oder elektrische Feldenergie umgewandelt und danach wieder zurückverwandelt.

Erinnert sei daran, daß die Effektivwerte von U und I aus Leistungsbetrachtungen am reellen Widerstand hergeleitet wurden.

Scheinleistung

Die Scheinleistung ist ähnlich wie der Scheinwiderstand eine bequem anzuwendende Rechengröße der Wechselstromtechnik. Das Produkt der Effektivwerte $S = U\,I$ ohne Berücksichtigung des Winkels wird im Wechselstromkreis mit *Scheinleistung* bezeichnet und dient als Ausgangspunkt für

die Berechnung der Wirk- und Blindleistung, wie vorausschauend in den folgenden Gleichungen angegeben wird.

$$S = UI = \sqrt{P^2 + Q^2}\,;$$
$$P = S\cos\varphi_Z,\ Q = S\sin\varphi_Z.$$

Die Winkelfunktion $\cos\varphi_Z$ wird als Leistungsfaktor bezeichnet.

Das Leistungsdreieck in Bild 4.31 stellt den Zusammenhang zwischen Wirk-, Blind- und Scheinleistung bildlich dar.

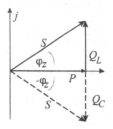

Bild 4.31 Leistungsdreieck

4.8.2 R-L-Reihenschaltung

Aus dem Zeigerbild für Strom und Spannung nach Bild 4.32 kann die Leistung abgeleitet werden. Ist der Strom I durch Messung bekannt so wird die *Wirkleistung*:
$$P = I\,U_R = I\,U\cos\varphi_Z = S\cos\varphi_Z = R\,I^2$$
Die Wirkleistung wird in Watt angegeben.

Blindleistung:
$$Q = U_L\,I = U\,I\sin\varphi_Z = S\sin\varphi_Z = X_L I^2$$
Zur Unterscheidung hat man die Einheit der Blindleistung modifiziert, sie wird in var, d.h. in Volt-Ampere-reaktiv angegeben.

$$P = I\,U\cos\varphi_z,$$
$$Q = U\,I\sin\varphi_z,$$
$$S = U\,I = I^2 Z = U^2/Z\,.$$
$$[P] = 1\ \text{Watt} = \text{W},$$
$$[Q] = \text{Volt-Ampere-reaktiv} = \text{var},$$
$$[S] = 1\ \text{Volt-Ampere} = \text{VA}\,.$$
Leistungsfaktor: $\cos\varphi_z$

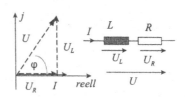

Bild 4.32 Reihenschaltung von L und R und Zeigerbild

Die *Scheinleistung* wird $S=UI=I^2Z$.
Ihre *Einheit* ist VA, Volt-Ampere.

Zahlenbeispiel:

Für eine *R-L*-Reihenschaltung mit
$R = 50\Omega$ und $X_L = 86,6\Omega$ ist bei einem
Strom von $I = 0,1$A die Wirk-, Blind- und
Scheinleistung zu errechnen.

$P = R\,I^2 = 0,5$W

$Q = X_L I^2 = 0,866$var

$S=UI=\sqrt{P^2+Q^2}=\ 1,0$VA

Zur Kontrolle soll die Leistung über Z berechnet werden:

$$Z=\sqrt{R^2+X_L^2}=100\,\Omega\,,$$

$$\varphi_Z=\arctan\frac{X_L}{R}=60°$$

$$S=I^2Z=0,01\cdot100=1\ \text{VA},$$

$$P=1\cdot\cos60°=0,5\ \text{W},$$

$$Q=1\cdot\sin60°=0,866\ \text{var}.$$

4.8.3 R-C-Parallelschaltung

Die gemeinsame Größe für beide Schaltelemente des Bildes 4.33 ist die Spannung.
Aus ihr kann sowohl die Wirk- als auch die
Blindleistung errechnet werden. Die Leitwertdarstellung ist bei Parallelschaltung
vorteilhaft.

Wirkleistung:

$$P = I_R\,U = I\,U\cos\varphi_y = GU^2.$$

Blindleistung:

$$Q_C = -U\,I_C = -U\,I\sin\varphi_y$$

$$= U\,I\sin\varphi_z = -B_c U^2$$

Für die Winkel gilt: $\varphi_y = -\varphi_z$. Der Blindleitwert einer Kapazität ist $B_c = \omega C$. Die kapazitive Blindleistung ist laut Definition negativ.

4.8.4 Allgemeiner Wechselstromzweipol

Für beide betrachteten Zweipole gelten
nunmehr die gemeinsamen eingerahmten
Gleichungen in Abschnitt 4.8.1. Ist der
Zweipol unbekannt, so sind an seinen
Klemmen die Effektivwerte U und I sowie
der Winkel φ_z zwischen beiden Größen zu
messen. Die Messung des Winkels kann
auch durch die Messung der Wirkleistung
mit einem Wattmeter ersetzt werden. Ein
Wattmeter hat ein elektrodynamisches
Meßwerk, bestehend aus einer Strom- und
einer Spannungsspule und ist sowohl für
Gleichstrom als auch für Wechselstrom
einsetzbar. Es zeigt den Mittelwert des Produktes der in den Spulen wirkenden Größen
an. In Wechselstromschaltungen wird mit
diesem Instrument der arithmetische Mittelwert der Leistungszeitfunktion gemessen,
der immer gleich der Wirkleistung P ist.
Aus dem Leistungsfaktor $\cos\varphi_z = P/S$ kann
dann der Winkel φ_z berechnet werden.

Beispiel:

Gegeben ist die Schaltung entsprechend
Bild 4.34 mit den angegebenen Elementewerten. Bei der Frequenz $f=50$Hz fließt der
Strom von $I=0,2$ A.

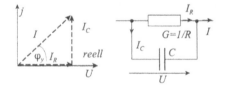

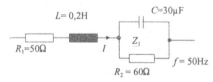

Bild 4.34 Beispiel für Leistungsberechnung

Bild 4.33 Parallelschaltung von R und C und
Zeigerbild

Gesucht sind die Wirk-, Blind- und Scheinleistung.

Zuerst wird der Wirkwiderstand R und der Blindwiderstand X der Schaltung ausgerechnet. Dazu wird zunächst der komplexe Widerstand der Parallelschaltung $\underline{Z}_1$ gebildet und durch konjugiert komplexes Erweitern in Realteil und Imaginärteil getrennt.

$$\underline{Z}_1 = \frac{R_2}{R_2 j\omega C+1} = \frac{R_2(1-R_2 j\omega C)}{(R_2\omega C)^2+1}$$

$$= (45{,}46 - j25{,}71)\Omega.$$

Der Realteil des gesamten Widerstandes $\underline{Z}$ wird:

$$R=\mathrm{Re}\{\underline{Z}\}=R_1 + \frac{R_2}{(R_2\omega C)^2+1} = 95{,}46\Omega.$$

Der Imaginärteil des gesamten Widerstandes Z wird mit $\omega L=62{,}83\ \Omega$:

$$X=\mathrm{Im}\{\underline{Z}\}=\omega L-\frac{R_2^2\omega C}{(R_2\omega C)^2+1}= 37{,}12\Omega.$$

$$\underline{Z}= (95{,}46+j\,37{,}13)\Omega = 102{,}43\Omega\ e^{j21{,}25°}.$$

Die Scheinleistung ist am einfachsten zu bestimmen:
$$S = I\,U = I^2\,Z = 4{,}097\mathrm{VA}$$

Die Wirkleistung wird damit
$$P = I\,U \cos\varphi_z = I^2\,Z \cos\varphi_z=$$
$$= 0{,}2^2\,\mathrm{A}\ 102{,}43\Omega\ \cos 21{,}25°=3{,}82\mathrm{W}.$$

Die Blindleistung wird
$$Q = I\,U \sin\varphi_z = I^2\,Z \sin\varphi_z =1{,}48\mathrm{var}.$$

Zur Kontrollrechnung können die Gleichungen $P = I^2\,R$ und $Q = I^2 X$ dienen.

Sollen an einem Zweipol allgemeine Gleichungen für die Wirk- und die Blindleistung aufgestellt werden, so entscheidet man zweckmäßig den Rechenweg nach der vorgegebenen Größe.

1. Ist die *Spannung U* vorgegeben, so sollte man die Parallelersatzschaltung und damit den komplexen Leitwert $\underline{Y}$ bestimmen. Durch Multiplikation von U^2 mit dem Realteil des Leitwertes erhält man die Wirkleistung, Multiplikation mit dem negativen Imaginärteil führt zu Blindleistung. Als ideales Beispiel dafür dient die soeben behandelte R-C-Parallelschaltung.

$$\underline{Y}=G+jB,$$
$$S=U^2 Y, \quad P=U^2 G, \quad Q=-U^2 B.$$

2. Ist der *Strom I* vorgegeben, so sollte man die Reihenersatzschaltung und damit den komplexen Widerstand $\underline{Z}$ bestimmen und anschließend den Realteil und den Imaginärteil mit I^2 multiplizieren, um die Wirkleistung und die Blindleistung zu erhalten. Ein Beispiel dafür ist die R-L-Reihenschaltung. Es gelten folgende Gleichungen:

$$\underline{Z}=R+jX,$$
$$S=I^2 Z, \quad P=I^2 R, \quad Q=I^2 X.$$

Diese Unterscheidung ist bei Zahlenrechnungen nicht unbedingt erforderlich, denn bei Kenntnis des Scheinwiderstandes Z und einer der beiden Größen U oder I kann die zweite Größe berechnet werden.

4.8.5 Zerlegung der Spannung und des Stromes in Wirk- und Blindkomponenten

In Abschnitt 4.7.4 wurde gezeigt, daß unabhängig vom Aufbau eines Wechselstromzweipols für jeweils eine Frequenz eine Ersatzreihenschaltung oder eine Ersatzparallelschaltung aus einem Wirk- und einem Blindwiderstand angegeben werden kann. Die in den Zweigen der Ersatzparallelschaltung fließenden Ströme entsprechen der Zerlegung des Gesamtstromes in einen Wirk- und einen Blindstrom. Analog dazu können die Spannungen über dem Wirkwiderstand und dem Blindwiderstand einer Ersatzreihenschaltung als Wirk- und Blindspannung aufgefaßt werden.

Bild 4.35a zeigt die *Zerlegung der Spannung* in ihre Wirk- und Blindkomponenten.

Die Wirkspannung $U_w = I\,R$ ist die Komponente von U in I-Richtung, die Spannung am Wirkwiderstand R, dem Realteil von $\underline{Z}$ einer Ersatzreihenschaltung.

Die Blindspannung $U_b = I\,X$ ist die Komponente senkrecht zur Stromrichtung, die Spannung am Blindwiderstand X der Ersatzreihenschaltung.

$$\underline{U}=U_w+jU_b=\underline{Z}I;\quad \underline{Z}=R+jX,$$
$$U_w=RI=I\,\mathrm{Re}(\underline{Z}),\quad U_b=XI=I\,\mathrm{Im}(\underline{Z});$$
$$P=U_wI=I^2R,\qquad Q=U_bI=I^2X.$$

Damit werden zugleich die in Abschnitt 4.8.4 unter Punkt 2. angegebenen Gleichungen nochmals bestätigt.

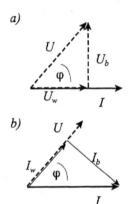

Bild 4.35 Zerlegung in Wirk- und Blindkomponenten a) Spannung b) Strom bei induktiver Impedanz

Bild 4.35b zeigt die *Zerlegung des Stromes* in seine Wirk- und Blindkomponenten.

Hierbei ist der Wirkstrom die Komponente des Stromes in U-Richtung und der Blindstrom die senkrecht dazu stehende Stromkomponente.

$$\underline{I}=I_w+jI_b=\underline{Y}U;\quad \underline{Y}=G+jB,$$
$$I_w=GU=U\,\mathrm{Re}(\underline{Y}),\quad I_b=BU=U\,\mathrm{Im}(\underline{Y}),$$
$$P=I_wU=U^2G,\qquad Q=-I_bU=-U^2B.$$

Die Gleichungen stimmen mit den unter Punkt 1 in Abschnitt 4.8.4 gegebenen Gleichungen überein.

Beispiel nach Abschnitt 4.8.4:

Komplexer Widerstand: $\underline{Z}=(95{,}46+j37{,}13)\Omega$
Strom (gegeben): $I = 0{,}2\mathrm{A}$.

Wirkspannung: $U_w=R\,I=95{,}46\cdot0{,}2=19{,}09\mathrm{V}$.
Blindspannung: $U_b=X\,I=37{,}13\cdot0{,}2=7{,}43\mathrm{V}$.

Komplexer Leitwert:
$\underline{Y}=1/\underline{Z}=1/(95{,}46+j37{,}13)=(9{,}10\text{-}j3{,}54)\mathrm{mS}$.
Spannung: $U=I\,Z=20{,}49\mathrm{V}$.
Wirkstrom: 0,186A, Blindstrom: 0,0725A.

4.8.6 Blindleistungskompensation

Die *Belastung des Netzes* durch Haushalt und Industrie ist vorwiegend *induktiv*. Die Verursacher sind Elektromotoren und Leuchtstofflampen mit in Reihe geschalteten Induktivitäten zur Strombegrenzung. Die genannten Geräte entsprechen der Reihenschaltung einer Induktivität L mit einem Widerstand R entsprechend Bild 4.32. Die durch die Induktivität bedingte *Blindleistung* verändert die Wirkleistung im Verbraucher selbst nicht, bewirkt aber einen größeren Gesamtstrom durch den *Blindstrom*. Bei gleichbleibender Wirkleistung P und konstanter Spannung U muß der Strom I wegen $S=UI=\sqrt{P^2+Q^2}$ mit wachsender Blindleistung Q auch zunehmen. Man kann ihn entsprechend Bild 4.35 b in einen Wirk- und einen Blindstrom zerlegen. Dieser induktive Blindstrom kann nur durch einen Blindstrom entgegengesetzter Phasenlage kompensiert werden.

Wandelt man nach Abschnitt 4.7.4 die Reihenersatzschaltung in eine Parallelersatzschaltung um, wird der Blindstrom verständlicher.

Im Ohmschen Widerstand der Zuleitung und im Innenwiderstand des Generators verbraucht der Blindstrom zusätzlich Wirkleistung, die Verluste der Energieversorgung werden damit größer. Daher ist eine *Blindleistungs-* oder auch eine *Blindstromkompensation* erforderlich.

Das Bild 4.36 zeigt die typische Ersatzschaltung $\underline{Z}$ für das induktiv belastete Netz, ergänzt durch einen *Kompensationskondensator C*. Beim Zeigerbild wählt man den Strom I als Bezugsgröße. Der Spannungszeiger U_R verläuft parallel dazu und U_L eilt 90° vor. Die Vektorsumme entspricht nach

dem Maschensatz der Gesamtspannung
$U = U_R + jU_L$.

Zu $\underline{U}$ muß I_c um 90° voreilend angesetzt
werden. Der punktierte Zeiger I_c steht somit senkrecht auf der Gesamtspannung U
und hat je nach Wert der Kapazität unterschiedliche Länge. Im Bild ist eine unvoll-
ständige Kompensation dargestellt. I und I_C
werden nach dem Knotensatz zum Gesamtstrom I_g addiert.

Es gibt mehrere Wege zur Berechnung dieses Kondensators, die auf das gleiche Ergebnis führen. Sie sollen hier als gut nach-
vollziehbare Beispiele vorgestellt werden.

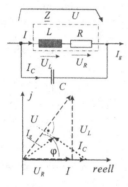

Bild 4.36 Schaltung zur Kompensation des
induktiven Blindstromes und Zeigerbild

1. *Blindstromkompensation:*
Der Imaginärteil des komplexen Stromes
bei vorgegebener reeller Spannung U ist zu
ermitteln. Als Zwischenschritt ist der Bruch
konjugiert komplex zu erweitern.

$$\underline{I} = \frac{U}{\underline{Z}} = U\frac{1}{R + j\omega L}, \quad \frac{1}{\underline{Z}} = \frac{R - j\omega L}{R^2 + (\omega L)^2}.$$

Induktiver Blindstrom:

$$I_b = \text{Im}(\underline{I}) = \frac{-U\omega L}{R^2 + (\omega L)^2} = \frac{-U\omega L}{Z^2}.$$

Der Strom wurde damit analog zu Bild
4.35b in eine Komponente I_w parallel zu U
und eine zweite Komponente I_b senkrecht
dazu, den Blindstrom, zerlegt. Der indukti-

ve Blindstrom wird durch einen gleichgro-
ßen kapazitiven Blindstrom kompensiert.

$$I_C = U\omega C, \quad I_b + I_C = 0, \quad I_b = -I_C:$$

$$U\omega C = \frac{U\omega L}{R^2 + (\omega L)^2} = \frac{U\omega L}{Z^2},$$

$$C = \frac{L}{R^2 + (\omega L)^2} = \frac{L}{Z^2}.$$

Der Strom nach der Kompensation I_g ist
gleich dem Wirkstrom und der Widerstand
wird R_k:

Wirkstrom: $I_w = \text{Re}\{\underline{Y}\}U = \dfrac{UR}{Z^2}.$

Widerstand: $Z_k = R_k = Z^2/R.$

2. *Blindleistungkompensation:*
Hierbei wird die Blindleistung an der Induktivität der R-L-Reihenschaltung mit
Blindleistung am Kondensator gleichge-
setzt.

$$Q_L = Q_C ; \quad I^2\omega L = U^2\omega C;$$
$$U^2/I^2 = Z^2 = L/C ;$$
$$C = L/Z^2.$$

3. *Kompensation des Imaginärteils des
komplexen Widerstandes $\underline{Z}_g$ des Gesamt-
zweipols:*

Die Kapazität C in Z wird so gewählt, daß
der Blindwiderstand, d.h. der Imaginärteil
von Z_g Null wird:

$$\underline{Z}_g = \frac{\underline{Z}\dfrac{1}{j\omega C}}{\underline{Z} + \dfrac{1}{j\omega C}} = \frac{(j\omega L + R)(\dfrac{1}{j\omega C})}{j\left(\omega L - \dfrac{1}{\omega C}\right) + R},$$

konjugiert-komplex erweitern

$$\text{Zähler:}(R + j\omega L)\frac{1}{j\omega C}\left[R - j\left(\omega L - \frac{1}{\omega C}\right)\right].$$

Blindwiderstandskompensation

Imaginärteil des Zählers Null setzen:

$$\frac{L}{C}\left(\omega L - \frac{1}{\omega C}\right) + \frac{R^2}{\omega C} = 0,$$

$$(\omega^2 L^2 - \frac{L}{C}) + R^2 = 0,$$

$$\omega^2 L^2 + R^2 = \frac{L}{C}, \quad C = \frac{L}{Z^2}.$$

> *Durch Parallelschalten eines Kondensators mit der Kapazität $C = L/Z^2$ kann die Blindleistung eines induktiven Zweipols mit dem Scheinwiderstand Z kompensiert werden.*

Zahlenbeispiel:

Eine induktive Last hat bei der Netzfrequenz $f=50$ Hz und der Netzspannung $U=230$V einen Blindwiderstand $X_L=80\Omega$ und einen Wirkwiderstand $R=100\Omega$.
Zu berechnen sind: die Induktivität L, der Scheinwiderstand Z und sein Winkel, der Strom I, die Kapazität C zur Kompensation, der Blindstrom I_b und die Blindleistung Q_L der unkompensierten Schaltung sowie der Strom I_G und der Wirkwiderstand R_k der kompensierten Schaltung.

Induktivität: $L = X_L/\omega = 0,255$ H,

Scheinwiderstand: $Z = \sqrt{X_L^2 + R^2} = 128,1\Omega$,

Winkel: $\varphi_Z = \arctan(X_L/R) = 38,66°$,

Kapazität: $C = L/Z^2 = 15,54\mu$F,

Strom: $I = U/Z = 230$V$/128,1\Omega = 1,795$A,

Blindstrom: $I_b = Im(\underline{I}) = \dfrac{-U\omega L}{R^2 + (\omega L)^2}$

$I_b = -U\omega L/Z^2 = 1,123$A.

Blindleistung: $Q_L = Q_C$;
$Q_L = I^2 \omega L = 257,8$var.

Die kapazitive Blindleistung muß, von Rechenungenauigkeiten abgesehen, gleich groß sein:

$Q_C = U^2 \omega C = 258,3$var ;

Strom nach der Kompensation:
$I_w = -UR/Z^2 = 1,402$A.

Leistung und Widerstand nach der Kompensation: $P = UI_w = 230$V $1,402$A$=322,5$W,
$Z = R_k = Z^2/R = U/I_w = 230V/1,402A=164,1\Omega$.

Der kompensierte induktive Zweipol verhält sich wie ein reeller Widerstand $R_k = Z^2/R$.

4.9 Beispiel zur Anwendung der komplexen Rechnung

Gegeben sind zum Zweipol in Bild 4.37 neben den Elementewerte die Gesamtspannung $U=230$V und die Netzfrequenz f=50Hz.

Gesucht sind die Kapazität des Kondensators und der komplexe Widerstand $\underline{Z}$ mit Wirk-, Blind- und Scheinwiderstand.
Ferner sind die komplexen Ströme und Spannungen für jedes Schaltelement sowie die Leistungen zu berechnen.
Die Einheiten werden bei den Zahlenrechnungen vereinfachend weggelassen und erst am Schluß der Rechnung wieder angefügt.

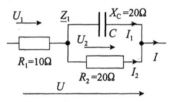

Bild 4.37 Beispiel zur Leistungsberechnung

Kapazität: $C = 1/(\omega X_C) = 159,2 \mu$F .

Komplexer Widerstand:

$$\underline{Z} = R_1 + \frac{-jX_C R_2}{R_2 + (-jX_C)} = 10 + \frac{20(-j20)}{20 - j20},$$

$$\underline{Z}_1 = 10\frac{-2j2}{2-j2} = 10\frac{-2j2}{2-j2}\frac{2+j2}{2+j2} =$$

$$= 10\frac{-j8 - j^2 8}{2^2 + 2^2} = 10 - j10.$$

$$\underline{Z} = R_1 + \underline{Z}_1 = 20 - j10 = 10\sqrt{2^2 + 1^2}\, e^{j\varphi},$$

$$\underline{Z} = 22,36\, e^{-j26,57°};$$

Wirkwiderstand: $R = 20\Omega$,

Blindwiderstand: $X = -10\Omega$,

Scheinwiderstand: $Z = 22,36\Omega$,

Winkel: $\varphi_Z = \varphi = \arctan(-\dfrac{1}{2}) = -26{,}57°.$

Der Wirkwiderstand R und der Blindwiderstand X können bei der vorgegebenen Kreisfrequenz als Reihenschaltung des Widerstandes R mit der Ersatzkapazität $C_e = 1/(\omega X)$ aufgefaßt werden.

Ströme:

$I = U/Z = 230\text{V}/22{,}36\Omega = 10{,}29\text{A};$

$\underline{I} = U/\underline{Z} = 230\text{V}/(22{,}36\Omega\ e^{j\,26{,}57°})$

$\underline{I} = 10{,}29\text{A}\ e^{j\,26{,}57°} = (9{,}18 + j\,4{,}60)\text{A}\ .$

Wirk- und Blindstrom: Im vorliegenden Beispiel ist die Spannung U vorgegeben. Ihr komplexer Effektivwert wird mit dem Winkel Null angenommen. Der Wirkstrom ist dann der Realteil des Stromes $\underline{I}$ und der Blindstrom der Imaginärteil:

$I_w = \text{Re}\{\underline{I}\} = \text{Re}\{10{,}29\ e^{j\,26{,}57°}\} = 9{,}18\ \text{A},$

$I_b = \text{Im}\{\underline{I}\} = \text{Im}\{10{,}29\ e^{j\,26{,}57°}\} = 4{,}6\text{A}.$

Stromteilerregel für $\underline{I}_2$:

$$\frac{\underline{I}_2}{\underline{I}} = \frac{G_2}{Y_1} = G_2 Z_1 = \frac{\dfrac{1}{R_2}}{\dfrac{1}{R_2} + \dfrac{1}{-jX_C}} = \frac{-jX_C}{R_2 - jX_C} =$$

$$= \frac{-j20}{20 - j20} = \frac{-j2}{2 - j2} = \frac{-j2(2 + j2)}{8} = \frac{1}{2}(1 - j).$$

$\underline{I}_2 = \dfrac{1}{2}\sqrt{2}\,e^{-j45°}\,\underline{I} = \dfrac{\sqrt{2}}{2}\,e^{-j45°}\,10{,}29\,e^{j26{,}57°},$

$= 7{,}28\,e^{j(26{,}57°-45°)} = 7{,}28\,e^{-j18{,}43°} =$

$= 7{,}28(\cos 18{,}43° - j\sin 18{,}43°);$

$\underline{I}_2 = (6{,}91 - j\,2{,}30)\text{A}.$

Knotensatz zur Bestimmung von $\underline{I}_1$:

$\underline{I}_1 = \underline{I} - \underline{I}_2 = 9{,}18 + j\,4{,}60 - (6{,}91 - j\,2{,}30),$

$\underline{I}_1 = (2{,}27 + j\,6{,}90)\text{A} = 7{,}26\ e^{j\,71{,}79°}\text{A}.$

Spannungen:

$\underline{U}_1$ mit der Spannungsteilerregel:

$\dfrac{\underline{U}_1}{\underline{U}} = \dfrac{R_1}{\underline{Z}} = \dfrac{10}{22{,}36\,e^{-j26{,}57°}} = 0{,}447\,e^{j26{,}57°},$

$\underline{U}_1 = 0{,}447\,e^{j26{,}57°}\,\underline{U} = 102{,}8\,e^{j26{,}57°}\text{V},$

$\underline{U}_1 = (91{,}95 + j\,45{,}99)\text{V}.$

Maschensatz zur Bestimmung von U_2:

$\underline{U}_2 = \underline{U} - \underline{U}_1 = 230 - (91{,}95 + j\,45{,}99)$

$= (138{,}05 + j\,45{,}99)\text{V} = 145{,}5\ e^{j\,18{,}43°}\text{V}.$

Hinweis: Bei den schon bekannten Strömen ist es einfacher, die Spannungen durch Multiplikation mit den Widerständen zu gewinnen. Der Leser überzeuge sich davon, daß $\underline{U}_1 = \underline{I}\,R_1$ und $\underline{U}_2 = \underline{I}_2\,R_2$ oder $\underline{U}_2 = -j\underline{I}_1\,X_C = I_1\,X_c\,e^{j\,(71{,}79°-90°)}$ ist.

Leistungen:

Scheinleistung: $S = U\,I = 230\text{V}\ 10{,}29\text{A}$
$= 2367\text{VA},$

Wirkleistung: $P = S\cos\varphi_Z =$
$= 2367\cos(-26{,}57°) = 2117\ \text{W},$

Blindleistung: $Q = S\sin\varphi_Z =$
$= 2357\sin(-26{,}57°) = -1059\ \text{var}\ .$

Allgemeine Formeln für die Blindleistung und die Wirkleistung

Abschließend sollen die allgemeinen Formeln für die Blindleistung und die Wirkleistung bei vorgegebener Spannung aufgestellt werden. Daraus können Aussagen zum Einfluß der Kreisfrequenz, der Spannung und der Bauelementewerte getroffen werden.

Lösungsweg: Zunächst wird der komplexe Leitwert $\underline{Y}$ aufgestellt und der komplexe Nenner konjugiert komplex erweitert, um Realteil und Imaginärteil zu trennen.

Für die Wirkleistung P wird der Realteil von $\underline{Y}$ mit U^2 multipliziert. Für die Blindleistung Q wird der Imaginärteil mit U^2 multipliziert.

Dazu ist zunächst der Teilleitwert $\underline{Y}_1$ der Parallelschaltung zu bestimmen:

$$\underline{Y}_1 = j\omega C_2 + \frac{1}{R_2} = \frac{j\omega C_2 R_2 + 1}{R_2}$$

$$\underline{Y}=\frac{1}{\underline{Z}}=\frac{1}{R_1+R_2\dfrac{1}{j\omega CR_2+1}}=$$

$$=\frac{j\omega CR_2+1}{R_1(j\omega CR_2+1)+R_2}=G+jB;$$

$$\underline{Y}=\frac{(j\omega CR_2+1)(-j\omega CR_2R_1+(R_2+R_1))}{(\omega C R_2 R_1)^2+(R_2+R_1)^2}$$

$$P=GU^2=\frac{(\omega C R_2)^2R_1+R_1+R_2}{(\omega C R_2 R_1)^2+(R_2+R_1)^2}U^2$$

$$Q=BU^2=\frac{(\omega C R_2^2)}{(\omega C R_2 R_1)^2+(R_2+R_1)^2}U^2$$

Das Einsetzen von Zahlenwerten führt auf:
$Y = G+jB = 0{,}04+j\,0{,}02;$
    $P=2216$ W, $Q=1058{,}9$ var.

Zeigerbild für Strom und Spannung:

Das Zeigerbild kann aus Bild 4.33 zur Parallelschaltung von R und C hergeleitet werden, indem es mit der Spannung U_1 ergänzt wird.
Die gemeinsame Größe der Parallelschaltung ist die Spannung U_2. Mit ihr in Phase liegt der Strom $\underline{I_2}$. Der kapazitive Strom $\underline{I_1}$ eilt dazu um 90° voraus. Der Gesamtstrom $\underline{I}$ ergibt sich durch Vektoraddition. Die Spannung U_1 ist in Phase mit $\underline{I}$ und deshalb zu $\underline{I}$ parallel zu zeichnen. Die Summe der beiden Spannungen führt zur Gesamtspannung $\underline{U}$.

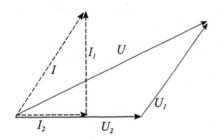

Bild 4.38 Zeigerbild des Beispiels

Schlußbemerkung zur Wechselstromtechnik

Das letzte Beispiel enthält alle wesentlichen Aspekte der komplexen Rechnung der Wechselstromtechnik. Der Leser sei damit angeregt weitere einfache Schaltungen selbst zu untersuchen. Immer gibt es mehrere Lösungswegen, die zu gleichen Ergebnissen führen müssen. Besonders eignen sich für den Anfänger Schaltungen mit nur einem Blindschaltelement und zwei Widerständen. Der Schwierigkeitsgrad erhöht sich, wenn man bei nur einem Blindwiderstandstyp bleibt und umfangreichere Schaltungen untersucht, die nur Widerstände und Kapazitäten oder Widerstände und Induktivitäten enthalten.

Schaltungen mit R, L und C, die also beide Blindwiderstandsformen enthalten, sollten zunächst ausgeklammert werden. Bei ihnen treten Resonanzerscheinungen auf, die besondere Kenntnisse erfordern.

In der kurzen Einführung wurden folgende Themen nicht behandelt und bleiben einem vertieftem Studium vorbehalten:

o Differentialgleichungen und Anwendung des Differentialoperators,

o Wechselstromleistung als Zeitfunktion

o Weitere graphische Methoden der Wechselstromtechnik, wie logarithmische Amplituden-Phasen-Frequenzgänge und Ortskurventheorie.

o Spezielle Schaltungen der Meßtechnik und Geräte und Maschinen der Elektrotechnik wie Transformatoren, Motoren und Generatoren,

o der Dreiphasenstrom und seine Anwendung.

Schwerpunkte der Einführung lagen auf den Themen: Addition und Subtraktion von Wechselgrößen, Effektivwertbestimmung nichtsinusförmiger periodischer Zeitfunktionen und komplexe Rechnung. Die Addition von Sinuszeitfunktionen kann mit dem Additionstheorem der Trigonometrie, mit Zeigern und mit der komplexen Rechnung

durchgeführt werden. Der Zeigerbegriff
führt fast zwangsläufig zu komplexen Größen.

Die komplexe Rechnung ermöglicht eine
rationelle Bearbeitung von Wechselstrom-
aufgaben unter Anwendung der in der
Gleichstromtechnik erlernten Gesetze auf
die Wechselstromgrößen: *komplexe Amplituden* oder *komplexe Effektivwerte*. Diese
Begriffe nehmen daher eine Schlüsselposi-
tion zum Verständnis ein.

Die Bestimmung *komplexer Widerstände*
und *Leitwerte* von Zweipolen und Aufstellung komplexer Spannungs- und Stromtei-
lerverhältnisse als *Quotienten komplexer
Effektivwerte* oder Amplituden ist eine weitere wichtige Fertigkeit eines Elektroinge-
nieurs. Dazu gehören die Bildung von Betrag und Winkel sowie von Realteil und
Imaginärteil und ihre elektrotechnische In-
terpretation.

Anhang

Verwendete Größen

Symbol	Bezeichnung	SI-Einheit	Vielfache und Teile der SI-Einheit
A	Fläche, Querschnitt	m^2 (Quadratmeter)	dm^2; cm^2; mm^2
a	Beschleunigung	m/s^2	
B	Blindleitwert	S (Siemens)	mS
B	magnetische Flußdichte	T (Tesla)	mT
C	Kapazität	As/V = F (Farad)	μF; nF; pF
c	Wärmekapazität	$Ws/(kg \cdot K)$	
D	elektrische Verschiebungsdichte	As/m^2	
E	elektrische Feldstärke	V/m	
F	Kraft	N (Newton)	
f	Frequenz	Hz (Hertz), 1/s	GHz; MHz; kHz
G	Leitwert, Wirkleitwert	S (Siemens)	mS
H	magnetische Feldstärke	A/m	
I	Stromstärke	A (Ampere)	mA; μA
L	Induktivität	H (Henry), Vs/A	mH; μH
l	Länge	m (Meter)	km; dm; cm; mm
M	Drehmoment	Nm	
M	Gegeninduktivität	H (Henry), Vs/A	mH; μH
m	Masse	kg	g (Gramm)
m	Phasenzahl		
n, N	Elektronenzahl		
n	Anzahl		
n	Drehzahl	1/s	1/min
P	Leistung, Wirkleistung	W (Watt)	MW; kW; mW
Q	Blindleistung	var (Volt-Ampere-reaktiv)	kvar
Q	Ladung	C (Coulomb), As	
Q	Gütefaktor		
R	elektrischer Widerstand	Ω (Ohm)	$M\Omega$; $k\Omega$; $m\Omega$
R_m	magnetischer Widerstand	A/Vs, 1/H	
S	Stromdichte	A/m^2	
s	Weg, Länge	m (Meter)	km; dm; cm; mm
T	thermodynamische Temperatur	K (Kelvin)	
t	Zeit	s	ms ; μs

Symbol	Bezeichnung	SI-Einheit	Vielfache und Teile der SI-Einheit
U	elektrische Spannung	V (Volt)	kV; mV; µV
$ü$	Übersetzungsverhältnis		
V	Volumen	m^3 (Kubikmeter)	
V	magnetische Spannung	A (Ampere)	
v	Geschwindigkeit	m/s	
W	Energie, Arbeit	J (Joule), Ws, Nm	Ws; Wh; kWh; MWh
w	Windungszahl		
X	Blindwiderstand	Ω (Ohm)	MΩ; kΩ; mΩ
Y	Scheinleitwert	S (Siemens)	mS
Z	Scheinwiderstand	Ω (Ohm)	MΩ; kΩ; mΩ
α	Temperaturbeiwert (Alpha)	K^{-1}	
δ	Differenz (Delta)		
ε	Permittivität (Epsilon)	As/(Vm), s/(Ω m)	
$\Theta, -V_0$	Durchflutung, Magnetische Urspannung (Theta)	A	
ϑ	Temperatur (Theta)	°C (Celsius)	
λ	Wellenlänge (Lambda)	m (Meter)	km; dm; cm; mm; nm
κ	elektrische Leitfähigkeit (Kappa)	S/m	m / (S mm^2),
μ	Permeabilität (My)	Vs/(Am), Ω s/ m	
ρ	spezifischer Widerstand (Rho)	Ω m	$10^{-6}\Omega$ mm^2/m
τ	Zeitkonstante (Tau)	s	
Φ	magnetischer Fluß (Phi)	Wb (Weber) Vs	
φ	Nullphasenwinkel (Phi)	rad (Bogenmaß), ° (Grad)	
φ	Potential	V (Volt)	kV; mV; µV
φ	Phasenwinkel	rad (Bogenmaß), ° (Grad)	
ψ	elektrischer Fluß (Psi)	As	
ω	Winkelgeschwindigkeit (Omega)	1/s	

Konstanten

Lichtgeschwindigkeit c = 299792,5 km/s

Eulersche Zahl, Basis des ln e = 2,718282

Elektrische Feldkonstante ε_0 = 8,854 10^{-12} F/m

Magnetische Feldkonstante μ_0 = 1,256 10^{-6} H/m

Elementarladung: e = 1,602 10^{-19} C, Masse des Elektrons: m_e = 9,109 10^{-31} kg

Empfehlenswerte Literatur

Studienwunsch Elektrotechnik:

Mittlerer Schwierigkeitsgrad

Grafe, H.: Grundlagen der Elektrotechnik, Band 1 Gleichspannungstechnik; Band 2 Wechselspannungstechnik. Berlin:Verlag Technik 1988; 1992.

Führer, A.; Heidemann K.; Neretter W.: Grundgebiete der Elektrotechnik, Band 1; 2. München, Wien: Carl Hanser Verlag 1990.

Zastrow, D.: Elektrotechnik, Lehr- und Arbeitsbuch. Wiesbaden:Vieweg Verlag 1997.

Moeller, F.; Frohne, H.; Löcherer, K.; Müller, H.: Grundlagen der Elektrotechnik. Stuttgart, Leipzig: B.G.Teubner 1996.

Ose, R.: Elektrotechnik für Ingenieure. Band 1 Grundlagen. Leipzig:Fachbuchverlag 1996.

Lindner, H.; Brauer, H.: Lehmann, C.: Taschenbuch der Elektrotechnik und Elektronik. Leipzig: Fachbuchverlag 1995.

Hoher Schwierigkeitsgrad

Lunze, K.: Einführung in die Elektrotechnik, Lehrbuch. Berlin:Verlag Technik 1991.

Lunze, K.: Einführung in die Elektrotechnik, Arbeitsbuch. Berlin:Verlag Technik 1991.

Lunze, K.: Theorie der Wechselstromschaltungen. Berlin:Verlag Technik 1991.

Lunze, K.: Berechnung elektrischer Stromkreise. Berlin:Verlag Technik 1990.

Küpfmüller, K.; Kohn, G.: Theoretische Elektrotechnik und Elektronik. Heidelberg: Springer 1993.

Philippow, E.: Grundlagen der Elektrotechnik. München:Hüthig Verlag 1989.

Aufgabensammlungen

Lindner, H.: Elektro-Aufgaben Band 1 Gleichstrom; Band 2 Wechselstrom. Leipzig: Fachbuchverlag 1996.

Vömel, M.; Zastrow, D.: Aufgabensammlung Elektrotechnik, Band 1 Gleichstrom und elektrisches Feld; Band 2 Wechselstrom und magnetisches Feld. Wiesbaden: Vieweg Verlag 1993; 1997.

Studienwunsch Maschinenbau und andere technische Studiengänge:

Linse, H.: Elektrotechnik für Maschinenbauer.Stuttgart, Leipzig: B.G.Teubner 1996.

Flegel, G.; Birnstiel, K.; Nerreter, W.: Elektrotechnik für den Maschinenbauer.München Wien: Carl Hanser Verlag 1993.

Mathematik, Physik und Informatik für den Ingenieur:

Schäfer, W.; Georgi, K; Trippler, G.: Mathematik-Vorkurs. Stuttgart-Leipzig: B.G.Teubner 1999.

Vetters, K.: Formeln und Fakten. Stuttgart-Leipzig: B.G.Teubner 1998.

Wenzel, H.; Heinrich, G.: Übungsaufgaben zur Analysis Ü 1. Stuttgart-Leipzig: B.G.Teubner 1999.

Zeidler, E. (Hrsg.): Teubner-Taschenbuch der Mathematik. Stuttgart-Leipzig: B.G.Teubner 1996.

Appelrath, H.-J.; Boles, D.; Claus, V.; Wegener, I.: Starthilfe Informatik. Stuttgart,Leipzig: B.G.Teubner 1998.

Dietze, S.; Pönisch, G.: Starthilfe Graphikfähige Taschenrechner und Numerik. Stuttgart, Leipzig: B.G.Teubner 1998.

Schirotzek, W.; Scholz, S.: Starthilfe Mathematik. Stuttgart. Leipzig: B.G.Teubner 1999.

Scholz, W.: Starthilfe Physik. Stuttgart, Leipzig: B.G.Teubner 1998

Stichwortverzeichnis

A

Ampere, 9
 Definition, 9
Amplitude, 76
Apollonische Kreise, 36

B

Baum, 17
 Vollständiger Baum, 18
Bemessungsgleichung, 14
Bewegungsinduktion, 61
Bleiakkumulator, 29
Blindleistung, 96
Blindleistungskompensation, 100
Brechungsgesetz, 56
Brennstoffzelle, 29

D

Daniell-Element, 28
Dielektrischer Strom, 41
Differentiation, 81
Digitale Strommessung, 11
Drehspulamperemeter, 11
Durchflutungsgesetz, 58
 Anwendung, 59

E

Effektivwert, 78, 79
Elektrische Lichtquellen, 30
elektrisches Feld, 36
 Energie, 48
 Kraft, 48, 49
elektrochemische Spannungsreihe, 27
elektrodynamische Kraft, 10
Elektrolyse, 26
elektromagnetisches Feld, 9
Elektromotor, 23
Elektrowärme, 24
Elementarladung, 9
Energie, 15, 23, 25, 27, 29, 31, 33
 Einheit, 15
 Umwandlung, 23
Energieformen, 23, 25, 27, 29, 31, 33
Energiespeicherung, 23

Energieübertragung, 15

F

Faradaysches Abscheidungsgesetz, 28
Feld, 34
 skalares, 34
 Strömungsfeld, 34
 Vektorfeld, 34
Feldstärke, 36
Feldstärkefeld, 36
Frequenz, 76

G

Gegeninduktion, 67
Generator, 64
Gleichstromkreis, 21
Grundschaltelemente, 88
Grundschaltungen, 90
Güte, 93

H

Halbleiter, 13
homogenes Feld, 39
Hystereseschleife, 55

I

Induktion, 53
Induktionsgesetz, 60, 61, 63
 Anwendung, 63
Induktivität, 65
 Einheit, 65
 Schaltvorgang, 69
Influenz, 40
Integration, 81
Isolatoren, 9
I-U-Diagramm, 14

K

Kapazität, 42, 89
 Definition, 42
 Einheit, 42
Kirchhoffsche Sätze, 16
Knotensatz, 16
 Beispiel, 18

Komplexe Rechnung, 84, 85
Komplexe Zahlen, 84
Kondensator, 42
  Schaltung, 43
Kontinuität, 10
Konvektion, 25
Kreisfrequenz, 76

L
Ladung, 9
  Einheit, 10
Ladungsträger, 9
Leistung, 15
  Einheit, 15
Leiter, 9, 13
Leitfähigkeit , 9
Leitwert, 15
Lichtenergie, 29
lichttechnische Größen, 30

M
Magnetische Spannung, 52
  Einheit, 52
Magnetischer Fluß, 51
  Einheit, 51
Magnetischer Kreis, 51
Magnetischer Widerstand, 52
  Einheit, 52
Magnetisches Feld, 53
  Flußdichte, 53
  magnetische Feldstärke, 53
Maschensatz, 17
Maximalwert, 76

N
Netzwerk, 17
Nichtleiter, 9, 13

O
Ohmsches Gesetz, 14

P
Parallelschaltung, 20
  Widerstände, 20
Periodendauer, 76
Permeabilität, 52
Plattenkondensator, 38
Polarisation, 27, 40

Elektronenpolarisation, 40
Ionenpolarisation, 40
Polarisationsspannung, 27
Potentialfeld, 36
Punktladung, 38

Q
Quellspannung, 11

R
RC-Schaltungen, 45
Reihenschaltung, 20
  Widerstände, 20
Reihenschwingkreis, 93
Resonanzfrequenz, 93
Resonanzschärfe, 94
Resonanzüberhöhung, 94
Richtung der Spannung, 12
Ringkernspule, 71
Ruheinduktion, 60

S
Schaltungen, 90
Scheinleistung, 97
Scheinwiderstand, 94
Scheitelwert, 76
Selbstinduktion, 64
sinusförmige Zeitfunktion, 76
Sinusgrößen, 80, 81
  Lineare Operationen, 80, 81
  Nichtlineare Operationen, 82
Solarzelle, 31
Spannung, 11
  Definition, 12
  Einheit, 12
  Erzeugung, 12
  Grundeigenschaft, 13
  Messung, 12
  Richtung, 12
  sinusförmige, 76
Spannungsabfall, 12
Spannungsquelle, 11
  Elektrochemische, 28
spezifischer Widerstand, 14
Strom, 9
  Wirkungen, 9
Stromdichte, 10, 34

Definition, 10
maximale zulässige, 10
Strommessung, 11
Stromrichtung, 10
technische, 10
Strom-Spannungs-Diagramm, 14
Stromstärke, 9
Definition, 9
Einheit, 9
Strömungsfeld, 34
Symbolische Methode, 86, 87

T
Temperaturkoeffizient, 14
Transformator, 63, 67
Trockenelement nach Leclanche, 29

U
Urspannung, 11

V
Vektorfeld, 34
Verschiebungsdichte, 42
Verschiebungsstrom, 41
virtuelle Ladung, 40

W
Wärmeleistung, 25
Wärmestrom, 24
Wärmewiderstand, 25

Wechselgröße, 76
Wechselstrom, 75
Wechselstromkreise, 88, 89, 91, 93, 95
Leistung im, 96, 97, 99, 101
Weicheiseninstrumente, 11
Weißsche Bezirke, 54
Wheatstone-Brücke, 20
Widerstand, 13, 88
Ausführungsformen, 15
Definition, 14
Einheit, 14
Komplexer, 93
Temperaturabhängigkeit, 14
Widerstands-Bemessungsgleichung, 14
Wirkleistung, 79, 96

Z
Zeigerbilder, 95
Zeigerdarstellung, 82, 83
Zeitfunktion, 77
periodische, 77
Zweigstromanalyse, 17
Beispiel, 18
Schritte, 19
Zweipolsatz, 21
aktiver Zweipol, 21
Ersatzschaltung, 21
passiver Zweipol, 21